AF319612

CONSIDÉRATIONS

GÉNÉRALES

SUR LES

VOLCANS.

CONSIDÉRATIONS

GÉNÉRALES

SUR LES VOLCANS,

ET

EXAMEN CRITIQUE

DES DIVERSES THÉORIES QUI ONT ÉTÉ SUCCESSIVEMÉNT PROPOSÉES.

POUR EXPLIQUER LES PHÉNOMÈNES VOLCANIQUES ;

PAR M. J. GIRARDIN,

Professeur de chimie industr. à Rouen ; Collaborateur du Bull. des Sc. nat. et de
Géologie ; Collab. de la Revue Normande ; Memb. rés. de l'Acad. royale des sc.,
b.-lettr. et arts de Rouen ; Secrétaire de la Soc. cent. d'agric. du dép. de la
S.-Inf. ; Correspondant de la Soc. libre du comm. et de l'industrie, de la Soc.
lib. d'émulation et de celle de médecine de Rouen ; Memb. de la Soc. géologique
de France ; Correspondant des Soc. linnéenne de Normandie, de pharm. de
Paris, polymath. du Morbihan, des sc., arts et agr. de Lille, des sc., b.-lettr.
et arts de Clermont-Ferrand, d'agr. et des arts de Seine-et-Oise, etc.

OUVRAGE

PRÉSENTÉ A L'ACADÉMIE ROYALE DES SCIENCES,

BELLES-LETTRES ET ARTS DE ROUEN,

LE 20 NOVEMBRE 1829.

-*✻⚙✻*-

ROUEN,

IMPRIMERIE DE NICÉTAS PERIAUX LE JEUNE ,
RUE DE LA VICOMTÉ, N° 55.

1831.

CONSIDÉRATIONS

GÉNÉRALES

SUR LES

VOLCANS, ETC.

INTRODUCTION.

De tous les phénomènes qui se passent sous nos yeux, à la surface ou dans les profondeurs de notre planète, les plus merveilleux sont, sans contredit, ceux que nous présentent les montagnes ignivômes, connues vulgairement sous le nom de *volcans*, tant à raison de la grandeur de leurs effets que de la cause mystérieuse qui les fait naître et les perpétue. Les ravages immenses qu'occasionnent ordinairement ces montagnes dans les lieux situés à leur base, souvent même dans ceux placés à une très-grande distance de leur centre d'activité, ont de tout temps frappé l'esprit de la multitude et excité la curiosité des philosophes de tous les âges.

Observés dès la plus haute antiquité, les volcans ont

donné lieu à une foule de conjectures, tant sur leur origine que sur leur rapport avec l'intérieur du globe. Mais, malgré les recherches innombrables de tant de générations de savants qui se sont succédé, leur histoire est encore bien peu avancée, et nos devanciers ne nous ont guère transmis que l'étonnement et les folles rêveries que des phénomènes aussi surprenants ont fait naître dans leur esprit. Les observateurs anciens, en effet, se sont plutôt attachés à la partie hypothétique qu'à l'examen des faits, et c'est un défaut dans lequel ils sont généralement tombés par rapport à presque toutes les parties de l'histoire naturelle. Ce n'est guère que depuis un demi-siècle environ que les naturalistes, revenus à des idées plus saines, et las de ces jeux d'esprit qui n'enfantaient que des systèmes éphémères, ont pris le sage parti d'étudier les faits pour eux-mêmes, de les rassembler, de les comparer entre eux, et de n'en tirer des conséquences qu'après les avoir envisagés sous toutes leurs faces. Ce n'est pas que, de nos jours, on ne voie encore de ces esprits systématiques pour qui les hypothèses constituent la plus grande partie de la science ; mais heureusement ils sont en très-petit nombre, et d'ailleurs on attache maintenant si peu d'importance à ce genre de travaux, surtout quand ils ne sont pas soutenus par une réunion imposante de faits bien observés, que leur exemple n'est pas contagieux et que la science positive continue à marcher de progrès en progrès.

La plus grande partie de ce que nous savons sur les volcans est due aux naturalistes de notre époque, et en particulier à Dolomieu, De Luc, Guillaume Thomson, Breislack, Hamilton, Fleuriau de Bellevue, Salmon, Faujas, Léopold de Buch, Humboldt, Cordier, Monticelli, Covelli, Poulett-Scrope, Ungern-Sternberg, etc. Leurs écrits m'ont été très utiles pour la rédaction de ce travail. Mon but, en ce moment, n'est pas de tracer une histoire complète et générale des volcans ; je veux seulement présen-

ter en substance ce qu'il y a d'essentiel à connaître sur la nature géognostique des terrains formés par l'action des feux
souterrains, et sur les phénomènes qui leur sont particuliers.
Munis de ces données, nous pourrons avec plus de succès
discuter les nombreuses théories qui ont tour-à-tour été
proposées pour expliquer ces phénomènes, et rechercher
celle qui, dans l'état actuel de nos connaissances chimiques,
paraît la plus plausible. Tel est le but de cette dissertation.

Mais, dans un sujet aussi vaste, aussi épineux que celui
que je vais traiter, il faut, pour en faire une étude approfondie, ne marcher que pas à pas et d'après l'ordre le plus
propre à bien faire saisir l'importance des faits, leurs relations et les conséquences qui s'en déduisent naturellement.
Voici la marche qui doit, suivant moi, remplir le plus
avantageusement ces conditions :

1° Définition des termes *volcans*, *terrains volcaniques*,
et examen des divisions établies par les naturalistes pour
cette classe de terrains ;

2° Exposé des principaux caractères géognostiques et
minéralogiques de ces terrains ;

3° Position géognostique des volcans à la surface du
globe, et géographie physique ;

4° Phénomènes qu'ils présentent dans leurs moments
d'activité comme dans leur état de repos ;

5° Enfin, revue des diverses hypothèses enfantées successivement pour expliquer l'origine de ces montagnes si singulières, et les causes qui entretiennent, depuis tant de
siècles, les phénomènes qu'elles présentent à l'admiration
des hommes.

CHAPITRE PREMIER.

DÉFINITIONS. — CLASSIFICATIONS.

Le mot *volcan*, qui, au premier abord, paraît présenter un sens net et précis, est cependant bien vague quand on cherche à en donner une définition exacte. En effet, tantôt on désigne sous ce nom une montagne terminée par une bouche ignivôme, tantôt la cause souterraine de tout *phénomène volcanique*. Pour le vulgaire, les *volcans* sont des montagnes ordinairement fort élevées, dont le sommet, terminé en cône tronqué, présente une large ouverture en forme d'entonnoir, d'où sortent, à des époques indéterminées, des flammes, de la fumée, et des matières embrâsées, soit sous une forme pulvérulente, soit dans un état pâteux semblable à celui des métaux en fusion. Les premières sont nommées, d'une manière générale, *cendres volcaniques*, et les secondes, *laves*. La sortie de ces matières, accompagnée le plus habituellement de phénomènes terribles et multipliés, est connue sous le nom d'*éruption*.

On appelle *foyer*, dans un volcan, le réceptacle qui contient ces matières en incandescence et les causes incandescentes; *cheminée*, le conduit qui amène les vapeurs pendant ou après les éruptions; *cratère*, le cône renversé qui termine la cheminée, et qui sert le plus ordinairement au passage des laves et autres produits des éruptions.

Nous verrons plus tard que ces mots, dont je viens

de donner, une fois pour toutes, une définition aussi restreinte que possible, n'ont pas toujours, aux yeux des naturalistes, la même valeur. Telle qu'elle est, néanmoins, cette définition suffit pour bien faire concevoir les objets dont les noms reviendront si souvent dans le cours de cette dissertation.

Sous la dénomination de *terrains volcaniques*, on a d'abord désigné ceux qui présentaient des volcans en activité. Plus tard on a étendu cette signification ; en l'appliquant à tous les terrains qui offraient des marques évidentes de l'action du feu. On a ainsi confondu sous un même nom des réunions de roches souvent très différentes les unes des autres, tant sous le rapport de leur nature minéralogique que sous celui de leur mode de formation. Les auteurs méthodistes ont été obligés, pour mettre quelque régularité dans la nomenclature de ces terrains, d'établir plusieurs coupes distinctes, à chacune desquelles ils ont affecté un nom particulier ; malheureusement, l'envie de créer des noms les a fait tomber dans un défaut aussi fâcheux que celui qu'ils voulaient éviter : à force de vouloir trop simplifier et épurer le langage, ils ont fini par ne plus s'entendre. Tâchons de ne pas les imiter, en voulant donner une idée de cette synonymie, partie si ingrate des sciences naturelles.

Il existe à la surface du globe un certain nombre de terrains qui semblent avoir été formés par le feu, ou du moins sur lesquels le feu semble avoir agi, soit avant, soit après leur formation, mais à des époques très éloignées de nous. En raison de cette conformité avec ceux qui présentent des volcans brûlants dans leur sein, on leur avait donné également, comme je l'ai déjà dit, le nom de *terrains volcaniques :* plus tard, pour les distinguer des derniers, dont ils diffèrent sous tant de rapports, on leur appliqua la dénomination particulière de *terrains pyrogènes* (de πυρος, feu, et γείνειν, engendrer), ou *engendrés par le feu.*

Les produits ou les roches qui composent ces deux ordres de terrains, furent d'abord confondus sous le nom commun de *laves*, que l'on partagea ensuite en un grand nombre d'espèces. Les deux sections principales étaient les *laves lithoïdes*, c'est-à-dire celles qui ne paraissent pas avoir été fondues ni s'être épanchées d'un cratère, et les *laves vitreuses* ou *scoriformes*, qui offrent évidemment l'action du feu, et dont la disposition, sous forme de courant ou *coulée*, étroit à la partie supérieure, et s'élargissant vers la base, prouve évidemment l'origine. Peu après, les naturalistes ayant mieux défini la véritable nature de ces différentes roches, leur donnèrent des noms plus limités, qui servirent ensuite à distinguer les terrains volcaniques les uns des autres. C'est d'après ce principe, c'est-à-dire la nature minéralogique des roches volcaniques, qu'on divisa ces différents terrains en *trachytiques*, *basaltiques* ou *trappéens*, et *volcaniques* proprement dits, ou ceux qui se forment journellement ou qui ont été évidemment formés par les éruptions de montagnes ignivômes. Cette dernière classe fut ensuite partagée en deux sections, la première comprenant les *terrains volcaniques en activité*, c'est-à-dire ceux qui offrent encore de nos jours des éruptions semblables à celles qu'ils ont éprouvées dans des temps antérieurs, et la deuxième, les *terrains volcaniques anciens*, ou ceux dont les montagnes, eu tout semblables à celles des premiers, ont cessé de vomir des matières depuis des époques reculées, et dont on a perdu le souvenir. Ces dernières ont aussi été nommées *volcans éteints*. Les terrains volcaniques proprement dits ont encore reçu les noms de *terrains volcaniques à cratère* et *terrains de laves*.

Je pourrais exposer en détail les diverses classifications qui ont été successivement proposées, mais je craindrais qu'une énumération aussi sèche ne fatiguât l'attention. Je me contenterai de dire que, parmi les géologues, les uns ont pris pour principe de leurs classifications certains caractères physiques que présentent les montagnes igni-vômes, tels que l'absence ou la présence d'un cratère, l'absence ou la présence de laves ou coulées, la structure des roches, etc. ; c'est ce qu'a fait Desmarets, en 1779, pour les volcans éteints de l'Auvergne : que d'autres, no-tamment M. Léopold de Buch, ont basé leurs divisions sur un caractère entièrement géogénique, tel que la manière dont ces terrains ont été poussés ou formés à la surface du globe, ce qui établit deux groupes bien distincts, les *cra-tères volcaniques de soulèvement* et les *cratères volcaniques d'éruption* ; enfin, que d'autres, tel est surtout M. Alexandre Brongniart, ont considéré simultanément l'époque de formation et la nature des roches dominantes (1). Ces di-verses classifications ont chacune des avantages ; mais toutes

---

(1) Dans la classification adoptée par M. Al. Brongniart, les terrains pyrogènes ou ceux qui paraissent avoir subi l'action du feu de quelque manière que ce soit, forment deux classes distinctes (VIII *et* IX *de son tableau*), sous la désignation générale de *terrains hors de série ou massifs*, ou *terrains typhoniens*. Voici les divisions et sub-divisions de ces terrains, avec leurs dénominations particulières.

VIIIᵉ Classe. — *Terrains plutoniques ou d'épanchement.*

1ᵉʳ groupe : *Terrains plutoniques granitoïdes.*
2ᵉ groupe : *Terrains plutoniques entritiques.*
3ᵉ groupe : *Terrains plutoniques ophiolitiques.*
4ᵉ groupe : *Terrains plutoniques trachytiques.*

IXᵉ Classe. — *Terrains vulcaniques ou de fusion.*

1ᵉʳ groupe : *Terrains vulcaniques trappéens.*
2ᵉ groupe : *Terrains vulcaniques laviques.*

(Voir, pour plus de détails, l'excellent ouvrage de ce savant géologue, intitulé : *Tableau des Terrains qui composent l'écorce du Globe*, ou *Essai sur la structure de la partie connue de la Terre.* 1 vol. in-8º, Paris, 1829, Levrault.)

peuvent être attaquées dans leurs principes, qui, très souvent, sont purement spéculatifs. Ainsi, la distinction établie sur la manière dont les volcans ont été produits est vicieuse, car, comme nous n'avons et ne pouvons guère avoir que des indices sur le mode de formation des volcans anciens, et que l'expression *terrains de soulèvement* semble préjuger la question, et même la résoudre, vous voyez qu'elle est loin de représenter une idée positive. On peut faire le même reproche à celle qui repose sur l'époque de formation. Rien n'est plus préjudiciable aux progrès des sciences naturelles que d'admettre comme faits avérés des idées encore susceptibles de discussion, et surtout de fonder des systèmes sur des bases aussi fragiles; car, une fois que ces bases viennent à être détruites, tout l'échafaudage laborieusement construit s'écroule, et il faut sans cesse recommencer sur de nouveaux frais. Ce sont donc alors de nouveaux noms à créer, pour remplacer ceux qui deviennent inexacts ou insuffisants. Ces fréquents changements dans la partie méthodique et synonymique d'une science, en retardent la marche; et, sans aucun doute, plusieurs parties de l'histoire naturelle seraient plus avancées au moment où je parle, si nos prédécesseurs, plus sévères, eussent évité avec soin l'écueil que je viens de signaler. Malheureusement plusieurs naturalistes distingués de notre époque ont contribué aussi à augmenter la confusion, par la facilité avec laquelle ils ont tour-à-tour établi et renversé des méthodes annoncées d'abord avec un engouement et une confiance qui devaient faire croire à leur durée. C'est surtout à l'égard de la nomenclature que les excès en ce genre ont été les plus grands. Aucun auteur ne s'est fait scrupule de changer les noms que ses prédécesseurs avaient établis, et de les remplacer par de nouveaux, souvent moins exacts, en sorte que maintenant la synonymie est la partie la plus difficile et la plus obscure de la science.

Pour en revenir à notre objet spécial, il me semble

que la seule classification qu'on puisse adopter, pour les terrains volcaniques, est celle qui s'appuie sur la nature minéralogique des roches, principe beaucoup moins variable que tout autre, et d'une plus facile observation. C'est d'après ces idées que, dans l'examen des terrains qui va nous occuper maintenant, je préfère employer la classification suivante, qui est beaucoup plus simple que toute autre, et qui donne une idée plus précise des groupes naturels, que je réduis à trois, savoir :

Terrains trachytiques ;

Terrains basaltiques ;

Terrains laviques.

CHAPITRE II.

CARACTÈRES GÉOGNOSTIQUES ET MINÉRALOGIQUES DES TERRAINS VOLCANIQUES.

Les terrains volcaniques ne sont pas moins remarquables par leur mode de formation que par leur position géognostique et surtout par la nature des roches quil es composent. C'est de celles-ci surtout que je vais m'occuper dans ce chapitre ; mais, en raison des limites que je me suis imposées, il me sera impossible de présenter une histoire complète des roches volcaniques ; je me bornerai à exposer quelques généralités suffisantes pour le but que je me propose d'atteindre.

M. Cordier est celui qui s'est occupé avec le plus de succès de l'étude de ces roches. Avant son beau travail, intitulé : *Mémoire sur les substances volcaniques dites en masse* (*Journal de physique*, 1816), nos connaissances sur cet objet étaient fort peu avancées. Il résulte de l'examen profond que ce célèbre géologue a fait de ces masses minérales,

1º Que le tissu homogène et uniforme dont ces substances semblent douées, lorsqu'on les examine à la vue simple, n'est, à l'exception de certains cas déterminés très rares, qu'une fausse apparence ;

2º Qu'elles sont presque toutes mécaniquement composées de cristaux microscopiques, appartenant à un très petit nombre d'espèces minérales connues, auxquelles se mêlent, dans certains cas déterminés, des matières vitreuses plus ou moins abondantes ;

3º Que les cristaux microscopiques élémentaires appartiennent au *felspath*, au *pyroxène*, au *péridot*, au *fer titané*, moins souvent à l'*amphigène*, et fort rarement au *mica*, à l'*amphibole* ou au *fer oligiste*;

4º Que, dans une partie des substances volcaniques en masse, les cristaux microscopiques élémentaires, et les matières vitreuses, quand elles en contiennent, se trouvent souvent dans un état de décomposition plus ou moins avancé;

5º Que, parmi ces substances, dont les éléments sont plus ou moins attaqués par la décomposition, certaines doivent leur consistance à des matières étrangères interposées en particules presque toujours indiscernables;

6º Que, quelque soit l'état de conservation ou d'altération de ces substances, les minéraux élémentaires ne forment communément que des associations ternaires ou quaternaires, au milieu desquelles, tantôt le *felspath*, tantôt le *pyroxène*, prédominent constamment, non-seulement par leur abondance, mais encore par l'influence des caractères qui leur sont propres;

7º Que cette constante prédominance, combinée aux autres conditions que présente la composition mécanique, et aux caractères extérieurs qui en résultent, permet de diviser méthodiquement les roches volcaniques, à l'aide de coupures naturelles assez nettement circonscrites, et même, à la rigueur, de leur assigner des places de convention dans la méthode minéralogique; mais qu'en attendant on peut les rapporter à seize types principaux;

8º Que, proportions gardées des différences qui tiennent à l'ancienneté relative, les différents types se présentent avec les traits de l'identité la plus parfaite dans les roches volcaniques de tous les pays et de tous les âges;

9º Que le sol volcanique, considéré dans son ensemble et sous le point de vue le plus général, offre une composition toute particulière et une constitution que l'on ne retrouve pas dans les autres terrains.

C'est d'après ces principes que M. Cordier partage toutes les roches volcaniques en deux grands groupes, savoir : les *substances felspathiques*, *dans lesquelles les particules de felspath sont très prédominantes*, et les *substances pyroxènées*, *dans lesquelles les particules de pyroxène sont très prédominantes*. Chacun de ces groupes est ensuite subdivisé en deux sections, l'une pour les roches non altérées, l'autre pour celles qui le sont. Les principaux types de roches renfermées dans le premier groupe, c'est-à-dire les substances dans lesquelles le felspath prédomine, sont : le *trachyte*, le *domite*, la *dolérite*, le *phonolite*, le *pumite* ou *ponce*, l'*obsidienne* ou *verre volcanique*, et le *spodite* ou les *cendres blanches et ponceuses volcaniques*. Les types de roches du deuxième groupe, c'est-à-dire les substances dans lesquelles le pyroxène prédomine, sont : le *basalte*, les *scories*, le *gallinace*, et les *cinérites* ou *cendres rouges et grises volcaniques*. Toutes ces différentes roches donnent lieu, par les altérations diverses qu'elles subissent, à une foule de substances nouvelles dont le nombre est infini et les caractères non décrits. Les principaux agents qui les modifient, de manière à leur faire acquérir ainsi des propriétés si différentes de celles qu'elles avaient d'abord, sont principalement le feu, l'air, l'eau, les différents gaz acides qui se dégagent des volcans ou des solfatares, etc. C'est de ces nombreuses altérations que résultent les *tufs volcaniques* de toutes les couleurs, les *pépérino*, les *wackes*, les *pouzzolanes*, les *thermantides tripoléennes et cimentaires*, et une foule d'autres produits qu'il serait trop long d'énumérer. Enfin, la réaction séculaire de l'air et des eaux sur ces nouveaux produits, finit par les décomposer entièrement et les transformer en terre fertile, que les torrents entraînent dans les plaines sous forme d'alluvions, et dont l'Auvergne et beaucoup d'autres localités nous offrent plus d'un exemple.

Les trois groupes de terrains volcaniques que j'ai admis

se distinguent assez nettement les uns des autres par la nature des roches dominantes qu'on y observe, et aussi par leur position géognostique à la surface du globe.

§ I. En général, les *terrains trachytiques* se composent de roches felspathiques ; ainsi on y trouve, parmi celles dues à une cristallisation ignée , toutes les espèces de *trachytes*, le *domite*, l'*argilolite*, l'*alunite*, le *pumite*, le *stigmite perlaire* et le *rétinite*, l'*eurite porphyrique*, etc. ; et parmi les conglomerats, les *brèches trachytiques* et *pumites*. Ces terrains, qui se montrent également, et dans les pays où les forces volcaniques agissent encore, et dans ceux où elles sont éteintes , recouvrent immédiatement, ou les roches primitives, ou les porphyres de transition, porphyres avec lesquels les trachytes présentent la plus grande analogie de composition , et dans lesquels on remarque que le felspath vitreux, l'amphibole , et quelquefois le pyroxène, deviennent plus fréquents à mesure qu'ils se trouvent plus près des roches volcaniques.

Les trachytes superposés aux roches primitives paraissent tantôt sortir d'un granite postérieur au gneis, tantôt des micaschistes supérieurs à ceux-ci ; mais tout prouve, suivant M. de Humboldt , qu'ils sont sortis au dessous de la croûte granitique du globe.

Les trachytes qui recouvrent les porphyres de transition appartiennent à deux formations bien distinctes , savoir : à celle des porphyres et siénites non métallifères superposés immédiatement aux terrains primitifs , et à celle des porphyres , siénites et diorites , souvent métallifères, reposant sur un schiste argileux ou sur des schistes talqueux avec calcaire de transition. Leur gîte principal est surtout dans ces terrains intermédiaires , et plus particulièrement dans la première de ces formations porphyriques.

Ces trachytes sont, en général , peu répandus dans l'ancien continent (chaîne du *Caucase*, *Hongrie*, *Transylvanie*, *Auvergne*, îles de la *Grèce*, *Italie*, etc.) ; mais ils acquièrent des développements énormes dans le nouveau, principalement dans l'Amérique méridionale, (crête et lisières des *Andes du Chili*, du *Pérou*, de la *Nouvelle-Grenade*, de *Sainte-Marthe*, de *Mérida*, vallée de *Mexico*, etc.), dont ils occupent les parties les plus élevées. Leurs couches ont jusqu'à quatorze mille et même dix-huit mille pieds d'épaisseur , comme au *Chimborazo* et au volcan de *Guagua-Pichincha*.

Les trachytes ne sont recouverts que par d'autres roches volcaniques, très rarement par quelques formations tertiaires ou de petites formations de gypse et d'oolites intercalées ou superposées aux tufs ponceux. Ils renferment des conglomerats qui varient beaucoup selon la nature des roches , et qui ont empâté des moules de coquilles, des troncs d'arbres qui se sont changés en quarz résinite , des fragments de ponces , des matières terreuses , etc. C'est dans ces terrains qu'on trouve les plus belles opales.

§ II. Le *terrain basaltique* se distingue du précédent en ce qu'il n'admet généralement dans sa composition que des roches pyroxèniques ou celles qui composent le second groupe des roches volcaniques de M. Cordier. Ainsi , on y reconnaît, parmi les roches formées par cristallisation ignée , le *basalte* et toutes ses variétés, la *dolérite* , le *spilite*, etc. , et parmi celles formées par voie de transport ou de sédiment, le *vakite*, les *pépérino* de diverses espèces, les *breccioles* , etc.

Le terrain basaltique se lie d'un côté aux trachytes , dans lesquels le pyroxène devient progressivement plus abondant que le felspath , et d'un autre, aux laves des volcans qui ont coulé sous forme de courants. On remarque que généralement les grandes masses basaltiques sont très-éloignées des masses trachytiques ; qu'ainsi les pays qui abondent le plus en basaltes *(Hesse, Bohême)*, sont dépourvus de trachytes , et qu'il en est de même pour les pays trachytiques , comme les *Cordilières des Andes* , qui présentent rarement des basaltes. Ces deux terrains forment souvent des lignes parallèles, ce qui a fait penser à plusieurs géologues qu'il y avait eu une formation différente pour les basaltes et les trachytes. Ils croient que ces derniers proviennent de granites altérés, tandis que les basaltes paraissent provenir de laves pyroxénées, dont les coulées ont été jusqu'à la mer (alors voisine de ces volcans), où elles ont pris, par le retrait, les formes prismatiques qu'elles présentent. Les terrains trachytiques semblent cependant plus anciens que les basaltiques, et sont quelquefois recouverts par ces derniers.

En général, les masses volumineuses de basaltes se trouvent immédiatement dans les terrains primitifs, intermédiaires et secondaires, tandis que d'autres masses bien moins considérables, à texture homogène, et offrant le plus souvent l'apparence d'anciennes coulées de laves lithoïdes, sont superposées au terrain trachytique. Les unes et les autres enveloppent quelquefois des fragments de granite, de gneis ou d'une siénite très abondante en felspath. Dans la dernière circonstance géologique que je viens d'indiquer, les basaltes gisent rarement auprès du sommet des volcans en activité ; ils sont placés à leur pied, et semblent les entourer de toutes parts ; cependant on en cite parfois près des cratères, comme au *Vulcano*. Ils sont toujours recouverts par les laves vomies par ces volcans, ce qui conduit naturellement à penser que leur origine est antérieure à celle de ces produits. Mais c'est surtout dans le voisinage des volcans éteints que s'observent les basaltes. On voit donc qu'ils sont entièrement liés aux terrains volcaniques à cratères ou aux terrains de laves, par leur disposition, leur forme, la nature des minéraux qu'ils renferment, et en ce qu'ils peuvent reposer aussi, comme eux, sur les terrains les plus modernes.

Le basalte, dont certains pays présentent des masses d'une très grande étendue, forme presque toujours des plateaux élevés, dénudés, un peu concaves dans leur milieu, à coupures absolument verticales. Ces plateaux sont souvent nombreux dans une même contrée, mais ils ne sont jamais disposés de manière à former des chaînes entières et continues. Ils sont formés, ou par des couches, ou par des colonnes prismatoïdes, plus rarement par des sphères ou des tables. Les couches, variables en inclinaison et en épaisseur, alternent souvent avec d'autres couches; mais plus habituellement elles leur sont superposées, sans leur être parallèles. Quelquefois, comme dans les environs du volcan de *Jorullo*, au *Mexique*, le basalte se montre en petits cônes, composés de boules à couches concentriques, à sommets très convexes, et qui paraissent être sortis du terrain environnant par une espèce de soulèvement occasionné par une force élastique agissant de l'intérieur à l'extérieur. Dans la localité que je viens de citer, tous les environs de la montagne ignivôme sont couverts de ces petits cônes, appelés par les indigènes *fours* ou *hornitos*, à cause de leur forme, et parce qu'il s'exhale des crevasses qui les sillonnent des vapeurs aqueuses mêlées d'acide sulfureux. Ces *hornitos*, qui couvrent par milliers la partie centrale de la plaine du *Mal-Païs*, où s'élève le grand volcan de *Jorullo*, sont tous isolés et disséminés, de manière que, pour s'approcher du pied du volcan, on passe par des ruelles tortueuses. Leur élévation est de six à neuf pieds. La fumée sort généralement un peu au-dessous de la pointe du cône, et reste visible jusqu'à cinquante pieds de hauteur. D'autres filets de fumée sortent des larges crevasses que traversent les ruelles; ils sont dûs au sol même de la plaine soulevée. En 1780, la chaleur des *hornitos* était encore si grande, qu'on pouvait allumer un cigarre en l'attachant à une perche, et en le plongeant à deux ou trois pouces de profondeur dans une des ouvertures latérales. En approchant l'oreille d'un de ces cônes, on entend un bruit sourd qui paraît celui d'une cascade souterraine; il est peut-être causé par les eaux du *Rio-Cuitamba*, qui s'engouffrent dans le *Mal-Pais*. Il est probable, suivant M. de Humboldt, à qui j'emprunte ces détails, que c'est la force élastique des vapeurs qui a couvert de ces *hornitos*, en forme d'ampoules, la plaine bombée du *Mal-Pais*, tout comme la surface d'un fluide visqueux se couvre de bulles par l'action des gaz qui tendent à se dégager. La croûte qui forme les petits dômes de ces *hornitos* est si peu solide, qu'elle s'enfonce sous les pieds de devant d'un mulet que l'on force d'y monter. Le soulèvement de ces basaltes ne remonte donc pas à une époque très reculée. (*Essai politique sur le royaume de la Nouvelle-Grenade*, liv. III, chap. VIII.)

Les pays qui offrent des formations basaltiques très développées sont, avec ceux que j'ai déjà cités, l'*Ecosse* (côte occidentale), les îles *Hébrides*, parmi lesquelles se trouve l'île de *Staffa*, si fameuse par la belle grotte de *Fingal*, l'*Irlande* (comté d'*Antrim*, sur la côte septentrionale, où l'on voit la célèbre *chaussée des Géants*), la *Saxe*, l'*Italie*, le *Velay*, l'*Auvergne*, le *Forêt*, le *Vivarais*, etc.

On observe aux parties supérieure et inférieure des masses de basalte, des scories provenant, à la partie inférieure, de l'air du terrain sur lequel passa la coulée, et à la partie supérieure, des bulles contenues dans la masse, et qui n'ont pu percer la croûte supérieure solidifiée. Ces masses de basalte présentent beaucoup d'altérations. Dans nombre d'endroits, les grandes coulées ont été dégradées, et il ne reste plus que les petites portions qui étaient assises sur des terrains primitifs.

§ III. Le *terrain lavique*, postérieur aux formations trachytiques et basaltiques dont je viens d'esquisser les principaux caractères, qui appartient aux volcans éteints et aux volcans en activité, et qui est le seul qui se continue encore de nos jours, est remarquable, non-seulement en ce que ses roches diffèrent sensiblement, par leur nature, de celles qui constituent les deux groupes précédents, mais encore par leur manière d'être à la surface du sol. Ces roches portent le nom général de *laves*; elles présentent tous les caractères des matières qui ont été soumises à l'action du feu et tenues à l'état de fusion presque toujours complète, quelquefois cependant simplement pâteuse. Elles ont une texture plus ou moins boursouflée, celluleuse ou scoriacée, un aspect grenu ou presque vitreux, un toucher rude et âpre; leur densité est très variable. Tantôt elles sont pures et ne diffèrent entre elles que par le plus ou moins de vacuoles qu'elles offrent; tantôt elles contiennent des cristaux ou des fragments de divers minéraux, ce qui constitue une foule de variétés.

Les laves des volcans éteints diffèrent essentiellement de celles qui sont rejetées sous nos yeux par les volcans en activité. Les premières sont, en effet, généralement abondantes en felspath, et se présentent sous forme de larges nappes, tandis que les secondes sont presque toutes pyroxénées et sous forme de courants très étroits. Les premières ont donc beaucoup de rapport avec les trachytes, les secondes avec les basaltes; aussi certains auteurs les distinguent-ils sous les noms de *laves trachytiques* et de *laves basaltiques* : il serait préférable de les nommer *laves felspathiques* et *laves pyroxéniques*.

Le terrain lavique a des formes extérieures tellement remarquables, qu'il est impossible de confondre les montagnes qui lui appartiennent avec aucune autre. Il est formé, non par la succession de couches régulières plus ou moins inclinées, comme les terrains que l'on suppose formés par voie de dépôts, mais par la superposition d'un nombre illimité de coulées qui ont été produites à des époques plus ou moins éloignées. Ces coulées constituent des montagnes ou monticules plus ou moins élevés, généralement très régulièrement coniques, offrant souvent à leur sommet une concavité qu'on appelle *cratère*, dont le milieu est criblé d'ouvertures qui, dans les volcans actifs, correspondent avec des canaux souterrains.

Les courants de laves, ou *coulées*, sont ordinairement plus compactes vers le centre de la masse qu'à la partie supérieure et inférieure, qui sont boursouflées, souvent même assez légères, à cause des nombreuses cellules qui s'y trouvent et qui sont dues à de l'air interposé. Ces cellules, plus ou moins nombreuses, varient beaucoup de formes, suivant la nature de la masse et la place où on les observe. Généralement elles ont une forme alongée dans l'intérieur de la coulée et principalement vers sa partie la plus inclinée, tandis qu'elles sont plus rondes et plus multipliées vers sa surface et vers son origine.

Les coulées s'élargissent beaucoup à leur extrémité inférieure, qui est souvent horizontale. Leur épaisseur est très variable, selon l'état de liquidité que présentait la lave lors de l'éruption, et selon les obstacles qu'elle a éprouvés dans sa marche. Tantôt cette lave s'est épanchée dans la plaine, sous forme de larges nappes; tantôt elle s'est arrêtée dans des vallées, où elle s'est solidifiée en énormes amas. La surface des coulées, quelquefois assez plane, est ordinairement parsemée de crêtes et d'irrégularités qui indiquent l'état pâteux du courant à l'époque de sa formation. Plusieurs coulées peuvent se recouvrir, mais elles sont toujours séparées par des matières plus ou moins terreuses, qui résultent de l'altération que la surface de la coulée extérieure a éprouvée.

Les roches qui appartiennent particulièrement au terrain lavique sont, parmi celles qui ont été fondues et ont ensuite été solidifiées complètement, la *leucostine* ou lave pétrosiliceuse, la *téphrine* ou lave proprement dite, et plus rarement le *stigmite* à base d'obsidienne, l'*obsidienne* et le *pumite*; et, parmi les roches d'agrégation formées par voie de sédiment ou transport, soit au milieu des eaux, soit au milieu des airs, tous les débris de roches et minéraux

volcaniques entraînés par des cours d'eau ou rejetés sous
forme pulvérulente par les cratères, et transportés ensuite
par les airs à des distances plus ou moins considérables ;
tels sont des *pépérino*, des *breccioles volcaniques* nommées
trass, des *brèches volcaniques* nommées *tufa*, des *pouzzolanes*, désignées, suivant la grosseur de leurs parties, *rapilli*
et *cendres volcaniques*, enfin le *moya*, matière terreuse,
d'un noir brunâtre, contenant un principe combustible
(charbon) en si grande quantité que les habitants du Pérou
s'en servent comme d'une terre tourbeuse pour leur chauf-
fage.

Les roches volcaniques, quelles que soient l'époque de
leur formation et la manière dont elles ont été produites,
renferment presque toujours, au milieu de leur masse,
des matières étrangères à leur composition. Ces matières
sont, ou des espèces minérales déterminées, ou des fragments de roches d'une autre sorte et d'une autre origine. Ces
matières s'y trouvent de plusieurs manières. Certaines espèces
minérales cristallisées régulièrement, telles que l'*olivine*,
l'*amphigène*, le *felspath vitreux*, l'*amphibole*, le *fer titané*,
le *pyroxène augite*, l'*hauyne*, etc, sont disséminées au milieu même de la roche volcanique, et paraissent avoir cristallisé lorsqu'elle était en fusion complète. D'autres, offrant
les mêmes caractères d'intégrité, sont rassemblées dans les
couches de la roche ou tapissent ses cavités, et semblent
avoir été formées au moment ou après sa consolidation :
telles sont principalement, la *mésotype*, la *stilbite*, l'*analcime*, l'*hyalite*, les *agates calcédoines*, les *jaspes*, la *ba-
rytine*, la *célestine*, le *calcaire spathique*, l'*arragonite*, le
mica, l'*arsenic sulfuré*, le *sel marin*, le *sel ammoniac*, le
soufre, etc. Enfin, plusieurs minéraux et quelques roches
étrangères se montrent simplement engagés dans les
roches volcaniques de cristallisation ou de transport : tels
sont, parmi les premiers, le *zircon*, le *corindon*, le *spinelle
pléonaste*, l'*idocrase*, la *cordiérite*, les *grenats*, la *né-*

phéline, la *sodalite*, le *mellilite*, la *wollastonite*, la *gismon-
dine*, etc ; et, parmi les secondes, le granite, la siénite, le gneis, divers calcaires, des galets de quarz, le trachyte lui-même, des fragments de thermantide, etc. Chaque terrain volcanique a des minéraux qui, sans lui être particuliers, servent néanmoins dans bien des circonstances à le caractériser. Il n'entre pas dans mon plan d'énumérer ici ces minéraux ou ces roches étrangères, dont il est d'ailleurs assez difficile de dresser une liste complète. Je présenterai seulement quelques réflexions sur la présence de plusieurs d'entre eux au milieu des laves tant anciennes que modernes.

J'ai cité quelques-unes des espèces minérales qui se trouvent implantées ou empâtées dans les laves. Les minéralogistes ont discuté pendant long-temps pour se rendre compte de la présence de cristaux aussi nettement configurés dans ces produits du feu, et surtout de ceux qui, comme le felspath et les pyroxènes, sont presque aussi fusibles et même plus fusibles que la matière qui les enveloppe.

Deluc et Dolomieu ont prétendu que ces minéraux cristallisés préexistaient, à l'épanchement de la coulée, dans les roches où se trouve le foyer volcanique ; qu'ils ont été entraînés par la lave hors du sein de la terre, sans avoir éprouvé la fusion ; et enfin que la température nécessaire à celle des autres parties de la roche qui ont fourni la base de la lave était très basse et n'était pas opérée seulement par le calorique. D'autres géologues, tels que Breislack, Hall, MM. Fleuriau de Bellevue, de Buch, Al. Brongniart, etc., admettent avec beaucoup plus de raison que ces minéraux cristallisés se sont formés par voie de combinaison chimique et de cristallisation, dans la masse lavique même en fusion, soit dans le foyer volcanique, soit après son épanchement à la surface du sol, de la même manière que les cristaux de felspath ont dû se former dans la pâte du porphyre, les grenats dans celle de la serpentine ou de l'amphibole, de la même manière enfin que se produisent les cristaux au milieu de masses de verre tenu en fusion. Ce qui fortifie cette opinion, c'est que MM. Fourmy et Mistcherlich sont parvenus à faire, artificiellement, à l'aide d'un feu de porcelaine, du mica et du pyroxène cristallisés et semblables à ceux qu'on trouve dans la nature. Et d'ailleurs, il serait bien difficile, pour ne pas dire impossible, d'expliquer autrement que par cette théorie la présence de la matière même de la lave au milieu de plusieurs de ces cristaux. D'après cela, les laves compactes à structure presque cristallisée sont des laves cristallisées confusément, comme les expériences de Hall et de Fleuriau de Bellevue, sur l'effet d'une fusion à haute pression ou d'un refroidissement lent, semblent le prouver.

Il ne serait pas logique, cependant, d'admettre que tous les cristaux qui sont disséminés dans les coulées ont été formés à la manière des minéraux dont je viens de parler. Plusieurs, comme les *corindons*, les *zircons*, etc., ont été, sans aucun doute, arrachés aux roches granitiques dont ils faisaient partie, et enveloppés par la matière lavique sans éprouver presque aucune altération, à la manière des fragments de roches plus ou moins volumineux qui se trouvent presque toujours empâtés dans la lave.

CHAPITRE III.

POSITION GÉOGNOSTIQUE DES VOLCANS A LA SUR-
FACE DU GLOBE, ET GÉOGRAPHIE PHYSIQUE.

Dans le chapitre précédent, j'ai tracé l'histoire géognostique et minéralogique des différents terrains volcaniques ;
dans celui-ci j'envisagerai la géognosie des volcans d'une
manière plus générale, et j'indiquerai, autant que cela
est possible, le nombre des volcans actifs et éteints, en
même temps que leur dispersion à la surface du globe.
Pour traiter ces questions avec tout le soin qu'elles mé-
ritent, j'aurai souvent recours aux écrits du célèbre Humboldt.

Le feu des volcans a agi à toutes les époques, lors
de la première oxidation de la croûte du globe, à travers
les roches de transition, les terrains secondaires et tertiaires. A l'exception de quelques roches lacustres ou d'eau
douce, les roches volcaniques sont les seules dont la formation continue, pour ainsi dire, sous nos yeux. Si les laves
des mêmes volcans varient à diverses époques de leurs
éruptions, on conçoit combien des matières volcaniques
qui, pendant des milliers d'années, se sont progressivement élevées vers la surface de notre planète, dans des
circonstances de mélange, de pression, de refroidissement,
si différentes, doivent offrir à la fois de contrastes et
d'analogies. Il y a des trachytes, des phonolites, des basaltes, des obsidiennes et des perlites de différents âges,
comme il y a différentes formations de granites, de gneis,

de calcaires, de porphyres, etc. Plus on approche des temps modernes, plus les formations volcaniques paraissent isolées, surajoutées, étrangères au sol sur lequel elles se sont répandues. Une longue intermittence de la source semble produire, même dans les volcans actuels, une grande variété dans les produits, et s'opposer à l'agroupement de matières analogues. Dans ce dédale de formations volcaniques de différents âges, on n'a reconnu jusqu'à présent que quelques lois de gisement, qui paraissent si non générales, du moins en harmonie avec des phénomènes observés dans les deux continents, sur une grande étendue de terrain.

Les terrains volcaniques se trouvent quelquefois superposés à des terrains très-modernes; mais, en général, ils reposent sur des terrains primordiaux, et sont peu éloignés des groupes ou chaînes de montagnes qui appartiennent à cette grande époque de formation. Dans le nouveau monde, tous les volcans actuels ont leurs cratères formés dans le terrain trachytique. En Europe, les volcans tant anciens que modernes sont assis directement aussi sur le sol primitif. Le sol de transport et de sédiment, quand on le rencontre dans les montagnes volcaniques, est toujours placé au-dessus des couches de laves, de sorte qu'on est forcé d'admettre qu'il a été le résultat d'un ordre de choses subséquent à la première éruption.

On ne remarque aucun volcan dans les plaines : tous ceux qui sont ou qui ont été à découvert, occupent les points les plus élevés des régions où ils sont placés. Dans la chaîne des Cordilières, qui est une des parties du globe la plus élevée, on compte un très grand nombre de volcans tant brûlants qu'éteints, et il est d'observation que, dans l'immense prolongement de cette chaîne, les têtes volcaniques y sont toujours les têtes dominantes. Dans l'Asie, on remarque aussi que les sommets ignivômes s'élèvent au-dessus des pitons non volcaniques, comme dans la chaîne du *Taurus* et la grande péninsule du *Kamtschatka*. En Europe, la même observation se soutient : en France, par exemple, les pays les plus élevés, tels que l'*Auvergne* et le *Haut-Languedoc*, sont ceux qui présentent des volcans. Les sommités qui ont brûlé depuis le *Bolonnais* jusqu'au fond de la *Calabre*, se distinguent par leur élévation dans la suite des Apennins. Le phénomène de l'extrême élévation des volcans se remarque encore dans les îles comme sur les deux continents. Nécessairement cet ordre de faits annonce, par sa constance, qu'il est lié à des circonstances importantes.

Un autre fait non moins remarquable que le précédent, et qui a beaucoup occupé les géologues qui ont cherché à connaître la cause des feux volcaniques, est la position de tous les volcans en activité au voisinage de la mer. Les deux tiers, à peu près, des volcans dont la situation est bien connue, se trouvent sur les îles de l'Océan, et la plupart de ceux qui composent l'autre tiers sont situés au bord de la mer ou à peu de distance des côtes. Dans le dernier chapitre, je reviendrai sur ce phénomène, et je montrerai qu'il n'est cependant pas aussi constant qu'on le prétend généralement.

Les volcans dont les cratères vomissent encore de nos jours des laves, ainsi que ceux dont les éruptions ont cessé depuis les temps historiques, ne sont jamais ou presque jamais isolés ; ils sont réunis par groupes, ou disposés par bandes ou séries, sur une ou plusieurs lignes, tantôt parallèles, tantôt divergentes. « La géographie comparée, dit M. de Humboldt, nous montre, d'un côté, de petits archipels et des systèmes entiers de montagnes volcaniques ayant leurs cratères et leurs courants de laves, comme les îles *Canaries* et les *Açores* : de l'autre, des monts sans cratères et sans courants de lave proprement dits, comme les *Euganéens* et les sept montagnes de *Bonn* ; ailleurs, elle nous montre des volcans disposés par lignes simples ou doubles , et se prolongeant à plusieurs centaines de lieues, tantôt parallèlement à l'axe de la chaîne , comme dans le *Guatemala* , le *Pérou* et *Java ;* tantôt la coupant perpendiculairement , comme dans le pays des *Aztèques* , où des monts de trachytes, qui vomissent du feu, atteignent seuls à la hauteur des neiges perpétuelles , et sont vraisemblablement placés sur une crevasse qui traverse tout le continent, sur une longueur de cent cinq lieues géographiques , depuis le grand Océan jusqu'à l'Océan atlantique.

« Cette réunion des volcans , soit par groupes isolés et arrondis , comme en Europe , soit par bandes longitudinales , comme en Asie et en Amérique , démontre, de la manière la plus décisive, que les effets volcaniques ne dépendent pas de petites causes voisines de la surface de la terre , mais sont des phénomènes dont l'origine se trouve à une grande profondeur dans l'intérieur du globe. Toute la partie orientale du continent américain , pauvre en métaux , est, dans son état actuel , sans montagne ignivôme, sans masse de trachyte , probablement même sans basalte avec olivine. Tous les volcans d'Amérique sont réunis dans la chaîne des Andes , qui est située dans la partie de ce continent opposée à l'Asie, et qui s'étend , dans le sens des méridiens, sur une longueur de dix-huit cents lieues. Tout le plateau de *Quito* , dont le *Pichincha* , le *Cotopaxi* et le *Tunguragua* forment les cimes , est un seul foyer volcanique. Le feu souterrain s'échappe , tantôt par l'une , tantôt par l'autre de ces ouvertures , que l'on s'est accoutumé à regarder comme des volcans particuliers. La marche progressive du feu y est , depuis trois siècles , dirigée du N. au S. Les tremblements de terre même , qui causent des ravages si terribles dans cette partie du monde , offrent des preuves remarquables de l'existence de communications souterraines, non seulement avec des pays dépourvus de volcans , fait connu

depuis long-temps, mais aussi entre des montagnes ignivômes qui sont très-éloignées les unes des autres. C'est
ainsi qu'en 1797 le volcan de *Pasto*, à l'est du cours du
Guaytara, vomit continuellement, pendant trois mois,
une haute colonne de fumée. Cette colonne disparut
à l'instant même où, à une distance de soixante lieues,
le grand tremblement de terre de *Riobamba* et l'éruption
boueuse de la *Moya* firent perdre la vie à près de
quarante mille individus. L'apparition soudaine de l'île
Sabrina, dans l'est des *Açores*, le 30 janvier 1811, fut
l'annonce de l'épouvantable tremblement de terre qui,
bien plus loin, à l'ouest, depuis le mois de mai 1811
jusqu'en juin 1812, ébranla, presque sans interruption,
d'abord les *Antilles*, ensuite les plaines de l'*Ohio* et du
Mississipi, enfin les côtes de *Vénésuéla*, situées du côté
opposé. Trente jours après la destruction totale de la ville
de *Caracas*, arriva l'explosion du volcan de *Saint-Vincent*,
île des *Petites-Antilles*, éloignée de cent trente lieues de
la contrée où s'élevait cette cité. Au même moment où
cette éruption avait lieu, le 30 avril 1811, un bruit
souterrain se fit entendre et répandit l'effroi dans toute
l'étendue d'un pays de deux mille deux cents lieues
carrées. Les habitants des rives de l'*Apuré*, au confluent
du *Rio-Nula*, de même que ceux de la côte maritime,
comparèrent ce bruit à celui que produit la décharge de
grosses pièces d'artillerie. Or, depuis le confluent du
Rio-Nula et de l'*Apuré* jusqu'au volcan de *Saint-Vincent*,
on compte cent cinquante-sept lieues en ligne droite. Ce
bruit, qui certainement ne se propageait point par l'air,
doit avoir eu sa cause bien avant dans le fond de la terre.
Son intensité était à peine plus considérable sur les côtes
de la mer des *Antilles*, près du volcan en éruption, que
dans l'intérieur du pays.

« Tous ces phénomènes prouvent que les forces souterraines se manifestent, soit dynamiquement, en s'étendant

et en ébranlant par les tremblements de terre, soit en produisant et en opérant chimiquement des changements, par les éruptions volcaniques ; ils démontrent aussi que ces forces agissent, non pas superficiellement dans l'enveloppe supérieure de la terre, mais à des profondeurs immenses dans l'intérieur de notre planète, par des crevasses et des filons non remplis, qui conduisent aux points de la surface de la terre les plus éloignés. » (*Tableaux de la Nature*, etc., par Humboldt ; tome 2, page 172.)

Le nombre des volcans brûlants à la surface du globe est immense ; on en compte actuellement trois cent trois, parmi lesquels cent quatre vingt-quatorze sont dans les îles. Il s'en faut qu'on connaisse tous ceux qui existent. Quant aux volcans éteints, on en ignore le nombre : quelques auteurs prétendent qu'il dépasse celui des volcans en activité ; plusieurs vont même jusqu'à prétendre que toutes les montagnes ont eu une origine volcanique. Cela n'est rien moins que prouvé ; mais il est constant que les recherches les plus éclairées nous montrent de jour en jour le nombre des anciens volcans comme plus grand qu'on ne l'avait cru jusqu'ici. On ne peut, en France, faire des fouilles cinquante lieues dans la même direction, sans trouver des couches de laves. L'Italie présente une quantité innombrable d'anciens cratères et quatre volcans modernes seulement. On compte jusqu'à soixante anciens cratères environ entre *Naples* et *Cumes* : ces deux villes, cependant, ne sont pas fort éloignées l'une de l'autre. La Sicile, les îles de la Méditerranée, de l'Archipel, de l'Adriatique, sont le siége d'un grand nombre de ces antiques montagnes brûlantes. Elles constituent le sol de l'*Ascension*, des *Açores*, de *Madère*, de *Sainte-Hélène*, des îles du *Cap-Vert* ; on en connaît aussi dans les îles *Bourbon* et *Maurice*. Les grands Archipels de l'Asie en présentent dans une partie de leur étendue. L'*Islande* en renferme une multitude, et onze à douze seulement en ignition. L'*Auvergne* est toute couverte de ces volcans éteints, et n'en possède pas un seul aujourd'hui qui soit en activité. Sur toutes les hautes et longues chaînes du continent américain, on trouve des marques évidentes de l'action du feu à des époques très reculées, et en général on peut dire qu'il n'y a pas ou presque pas de contrées un peu étendues où l'on ne fasse les mêmes remarques.

De nos jours, de nouveaux volcans ou plutôt de nouveaux cratères se forment; l'*Islande*, en 1827, *Bakou*, dans la presqu'île d'*Apcheron*, en 1827, etc., en offrent des exemples. (1) En général, il est d'observation que c'est dans les lieux où se trouvent d'anciens vestiges de l'action du feu souterrain que se montrent la plupart des volcans brûlants et de ceux qui apparaissent journellement à la surface du globe. Ce fait porterait à établir que la cause première des phénomènes volcaniques n'est rien moins que passagère et accidentelle; qu'elle peut bien cesser d'agir pendant des espaces de temps plus ou moins longs, mais qu'elle n'en existe pas moins dans le sein de la terre, et qu'il ne faut que le concours de certaines circonstances favorables pour déterminer de nouveau son action.

Si l'on doit calculer l'énergie d'un volcan d'après l'ampleur et la vaste étendue de son cratère, les volcans éteints ont dû être sans comparaison plus actifs que les modernes. Le cratère du *Vésuve* est très-petit, comparativement à ceux d'*Astrum*, de *Gauro*, du lac d'*Averne*, et des autres des *Champs phlégréens*; les volcans éteints de

---

(1) Il paraît que les colonnes de feu qui ont sorti de terre, avec un grand bruit, à la suite de violentes secousses souterraines, près le village de *Ukmali*, à 12 verstes à l'ouest de *Bakou*, dans la mer Caspienne, ne proviennent pas d'un volcan, mais sont produites par l'inflammation d'un gaz très combustible (gaz hydrogène carboné). Ce ne serait alors qu'un phénomène analogue à ceux des *terrains ardents*. (*Bulletin des Sciences naturelles et de Géologie*, mai 1828, p. 44 ; et mars 1829, p. 386.)

l'État romain sont encore plus grands. En France, c'est dans le *Vivarais* et le *Velay* qu'on trouve des traces les plus étendues de ces antiques éruptions. Faujas a reconnu une bande de terrain volcanique de près de trente lieues de longueur sur quatre de largeur, ce qui donne une surface de cent quatre lieues carrées; de sorte que, quand on ne supposerait pas à ce terrain une profondeur de plus de soixante pieds, on aurait encore une masse assez considérable pour être bien sûr qu'elle n'a pu être produite par la fusion de l'intérieur d'aucune des montagnes des environs.

Presque toutes les contrées du globe présentent des volcans brûlants. L'Europe en renferme un plus grand nombre qu'on ne le pense communément. L'*Italie* et l'*Islande* sont les pays où il existe le plus de bouches ignivômes. Dans tout le continent de l'Asie, on n'en connaît qu'un assez petit nombre en activité; ce sont ceux du *Kamtschatka*, parmi lesquels six ont des éruptions presque aussi fréquentes que le *Vésuve*. Il n'en est pas de même des îles qui l'entourent. Les volcans, en effet, fourmillent, si je puis m'exprimer ainsi, dans les îles *Kourilles*, *Mariannes*, *Philippines*, l'archipel des *Moluques*, *Sumatra*, *Java*, etc., Quelques-uns sont même gigantesques. Ces dernières îles sont surtout remarquables par la multitude de leurs bouches ignivômes; on ne compte pas moins de trente-huit volcans en activité dans *Java*. Les navigateurs modernes en ont reconnu dans la plupart des îles qui sont entre les tropiques, depuis l'Asie jusqu'aux côtes occidentales de l'Amérique.

Tout le continent d'Afrique paraît privé de volcans actifs; du moins les relations des voyageurs ne mentionnent que des solfatares; mais les îles qui en dépendent en renferment quelques-uns. C'est dans une des *Canaries* qu'on trouve celui qu'on nomme *Pic de Ténériffe*, un des plus considérables : il a dix-neuf cent quatre toises d'élévation;

c'est deux cents toises de plus que l'*Etna*, et trois fois au moins la hauteur totale du *Vésuve*, qui n'est que d'environ six cents toises. Les îles de *Bourbon*, de l'*Ascension* et du *Cap-Vert* ont aussi quelques volcans à cratères. Dans les *Açores*, on en compte un grand nombre, tant éteints que brûlants.

C'est un fait géologique très remarquable que toute la côte orientale de l'Amérique, sur une étendue d'environ deux mille lieues, n'ait que trois ou quatre volcans assez médiocres (sur le golfe du Mexique), tandis que ses côtes occidentales en offrent une multitude considérable, et qui sont les plus puissants de la terre. Le feu souterrain semble, pour ainsi dire, avoir concentré son action sur une ligne qui traverse ce vaste continent du Nord au Sud. Ceux du *Chili* et du *Pérou* sont assez célèbres depuis qu'ils ont été décrits par le célèbre Humboldt. Ils occupent une ligne, du 18° jusqu'au 22° de latitude, de près de sept cents lieues carrées, dont *Quito* est à peu près le milieu. Dans les îles d'Amérique, on en rencontre un grand nombre : depuis la *Terre de Feu* jusqu'au Tropique du Cancer, tout est volcanisé dans une étendue de plus de deux mille lieues.

De même qu'il y a des tremblements de terre *sous-marins*, il y a aussi des volcans *sous-marins*. On en connaît dans l'*Archipel Grec*, dans l'Archipel des *Açores*, près de l'*Islande*, sur la côte du *Kamtschatka*, etc. Leur existence est incontestable, et leurs éruptions sont accompagnées des mêmes phénomènes que celles qui ont lieu sur les continents ; ils sont, du reste, assez peu connus, à cause de la difficulté de les observer. Ce sont eux qui donnent naissance à ces îles que l'on voit sortir de temps en temps du sein des mers. Les écrivains de l'antiquité parlent souvent de ces phénomènes, et l'on trouve dans Strabon, Pline, Justin, Cassiodore, Dione Cassius, Plutarque, Sénèque, etc., des détails assez circonstanciés sur la formation de plusieurs îles de l'Archipel Grec, anciennement nommées les *Cyclades*, qui s'étaient élevées du fond de la mer.

« Les célèbres îles de *Délos* et de *Rhodes*, dit Pline le Naturaliste, sont, d'après ce qu'on rapporte, nées dans les flots; ensuite on en a vu paraître de plus petites, telles qu'*Anaphé*, au-delà de *Mélos*; *Nea*, entre *Lemnos* et l'Hellespont; *Alone*, entre *Lébédos* et *Théos*; *Thera* et *Therasia*, au milieu des *Cyclades*, la 4ᵉ année de la 135ᵉ olympiade; *Hiéra* ou *Automaté*, située entre les deux précédentes, et formée cent trente ans après. De notre temps, cent dix ans après, sous le consulat de M. Junius Silanus et L. Balbus, le 8 avant les ides de juillet (l'an 19 de notre ère), a paru *Thia*. » (Pline, liv. 11, chap. 88 et 89.)

L'île de *Thera*, depuis nommée *Sainte-Irène*, et enfin *Santorini*, est célèbre par le grand nombre d'éruptions qui se sont succédé autour d'elle et qui l'ont successivement agrandie. Voici, en abrégé, l'énumération des diverses révolutions qui ont eu lieu dans cette partie de l'Archipel.

La 4ᵉ année de la 135ᵉ olympiade, c'est-à-dire deux cent trente six ans avant Jésus-Christ, l'île de *Therasia*, (aujourd'hui *Aspronysi*) sortit du sein des flots et au milieu des feux. Un détroit d'une demi-lieue la sépare de *Santorini*. Cent trente ans après, l'an 106 avant Jésus-Christ, naquit près d'elle l'île *Automaté*, qui, depuis, ayant été consacrée à Vulcain, fut plus connue sous le nom d'*Hiéra* (sacrée). Après un laps de cent dix ans, l'an 4 de l'ère chrétienne, il se forma semblablement une troisième île, nommée *Thia*, à deux stades ou deux cent cinquante pas d'*Hiéra*. (Voyez Pline, *loc. cit.*; Strabon, liv. 1; Sénèque, *Quæst. nat.*, 11, c. 26, et VI, c. 21.) L'an 726, il y eut de violentes éruptions de cendres, de roches embrâsées, et d'une grande quantité de laves, qui réunit *Thia* à *Hiéra*. En 1427, cette île s'accrut encore, toujours avec les mêmes phénomènes. Un marbre élevé près la porte du fort *Scarus*, ou *Scauro*, dans *Santorini*, atteste l'évènement et sa date. Une sixième éruption, en 1570, donna une île nouvelle, qu'on appela la *Petite-Kameni* (1). En 1650, une éruption violente, qui dura près d'une année, tourmenta de nouveau ces parages. Le père Kircher a fait connaître tous les détails de cette éruption, qui se fit ressentir au loin, puisque *Smyrne* et *Constantinople* furent incommodées des cendres qui s'étaient échappées, dans des tourbillons de flammes, du sein des eaux. Le 23 mai 1707, au lever du soleil, on vit en mer, à une lieue des côtes de l'île de *Santorini*, un rocher flottant. Des matelots le prirent pour un bâtiment qui allait se briser, et ils se dirigèrent vers lui dans l'intention de le piller. Arrivés auprès, et ayant vu ce que c'était, ils eurent le courage d'y descendre, et ils en rapportèrent de la pierre-ponce et quelques huîtres qui y étaient adhérentes. Le rocher n'était vraisemblablement qu'une grande masse de ponces que le tremblement de terre qui avait eu lieu deux jours auparavant avait détachée du fond de la mer. Au bout de quelques jours, il se fixa et forma ainsi une petite île, dont la grandeur augmenta de jour en jour. Le 14 juin, elle avait huit cent mètres de circuit, et sept à huit de haut; elle était ronde et formée d'une terre blanche et légère. A cette époque, la mer commença à s'agiter, et il se fit sentir dans l'île une chaleur qui en empêcha l'accès; une forte odeur de soufre se répandit tout à l'entour. Le 16 juillet, on vit paraître tout près dix-sept à dix-huit rochers noirs; le 18, il en sortit, pour la première fois, une fumée épaisse, et on entendit des mugissements souterrains; le 19, le feu commença à paraître, et son intensité augmenta graduellement. Dans les nuits, l'île semblait n'être qu'un assemblage de fourneaux qui vomissaient des flammes. Son

____

(1) C'est-à-dire : *île Brûlée*.

volume s'accroissait, et l'infection devint insupportable à *Santorini*. La mer bouillonnait fortement, et jetait sur les côtes des poissons morts; les bruits souterrains étaient semblables à de fortes décharges d'artillerie; le feu faisait de nouvelles ouvertures, d'où il sortait des pluies de cendres et de pierres enflammées, qui retombaient quelquefois à plus de deux lieues de distance. Cet état de choses dura pendant un an. (*Mémoires de l'Académie des Inscriptions*, tome 3; et *Mémoires de l'Académie des Sciences*, année 1708.)

En 1767, une nouvelle éruption eut lieu entre la *Petite-Kameni* et la *Grande-Kameni* (Hiéra). Elle commença avec le mois de juin, et, après dix ou douze jours de travail, une île nouvelle sortit dans le voisinage de la *Petite-Kameni*. Pendant quatre mois, des phénomènes terribles se succédèrent; des portions considérables de la *Petite-Kameni* furent englouties; mais d'autres se formèrent, et enfin une seconde île apparut, et vint se réunir à celle produite en juin. On la nomma l'*Ile Noire*, de la couleur de son sol. Jusqu'à la fin de mai de l'année suivante, le travail souterrain continua, et, le 15 avril, il y eut une éruption de grosses pierres enflammées qui s'abattirent à deux milles de distance. (Voir, pour plus de détails, la dissertation de M. Raspe, intitulée: *Specimen Historiæ naturalis Globi terraquii, præcipuè de novis è mari natis insulis*; la *Chorographie de la Grèce*, par Malte-Brun, au tome x de sa *Géographie universelle*, et les plans de ces îles et du golfe, dans le *Voyage pittoresque de la Grèce*, par M. de Choiseul.)

Les *Açores*, découvertes dans le quinzième siècle, sont toutes de nature volcanique, et ont présenté, à diverses époques, les mêmes phénomènes que l'Archipel grec. Quatre éruptions, qui ont eu lieu dans un intervalle de cent soixante-treize ans, très près de *St-Michel*, la plus grande des îles de ce groupe, ont prouvé l'existence en cet endroit d'un volcan sous-marin. Le 11 juin 1638, pendant un violent tremblement de terre , on vit, non loin de *St-Michel* , des flammes et des bouffées de fumée sortir de la mer agitée ; des matières terreuses et des blocs de roches , lancés en l'air , retombaient dans la mer, où ils surnageaient, et peu après il se forma une île qui avait deux lieues et demie de long et plus de trois cent soixante pieds de haut. Elle ne tarda pas à disparaître complètement. (*Wicquefort's Mandelsloh* , II , 707 ; Cordeyro , *Historia des islas sujetas o Portugal* , p. 140 ; Kircher , *Mund. subterr.* , t. I , lib. II , cap. 12 , p. 82 ; Gassendus , *de Vita Epicuri* , t. II , p. 1050.) Le 31 décembre 1719, à la suite d'un grand tremblement de terre et des symptômes les plus effrayants , il en naquit une nouvelle entre *Terceira* et *St-Michel ;* elle jetait beaucoup de fumée , de cendres et de pierre-ponce ; un torrent de lave enflammée descendait de ses flancs escarpés ; le fond de la mer voisine fut trouvé très chaud. La hauteur de l'île, qui était d'abord assez considérable pour qu'on pût l'apercevoir à sept ou huit lieues en mer , baissa bientôt au point qu'en 1722 elle était déjà à fleur d'eau ; elle disparut complètement le 17 novembre 1723. On dit que cette île était à douze milles et demi marins de la terre. (D'Anville , *Carte d'Afr.* , 1749 ; Fleurieu , *Flore* , I , 565 ; Atkines , *Voyage* , (Londres, 1735) , p. 28 ; de Montagnac, *Mém. de l'Acad. des sciences de Paris* , 1722, p. 12 ; Codrouchi , *Comment. Bonon.* , I , 205.) Le capitaine Forster a laissé une description de cette dernière éruption. (*Mémoires de l'Académie des sciences* , année 1721 ; *Phil. transact.* , 1722, vol. XXXII, p. 100.) Pendant les mois de juillet et d'août 1810, *St-Michel* souffrit de violents tremblements de terre ; le 31 janvier 1811 , une secousse très violente, et bientôt après une très forte odeur sulfureuse, annonça la rupture du sol du côté E. de l'île , vis-à-vis le village de *Ginetas* , à deux milles anglais du rivage. De la fumée , des cendres, de l'eau et des terres furent projetées hors de la mer ;

la fumée s'élevait par grandes masses, à quelques centaines de pieds , et les pierres lancées au-dessus jusqu'à deux mille pieds. Lorsque ces dernières sortaient de l'eau, elles étaient toutes noires ; mais aussitôt qu'elles dépassaient les colonnes de fumée, elles devenaient incandescentes. L'éruption dura ainsi pendant huit jours ; alors elle cessa, et on vit à sa place un banc contre lequel se brisaient les flots de la mer, là où auparavant on ne trouvait le fond qu'à soixante ou quatre-vingts brasses. Une seconde éruption eut lieu , le 15 juin de la même année, à deux milles et demi anglais , à l'est de la première, et à un mille de terre, vis-à-vis le *Pico-das Camarinhas* ; alors parut une île qui avait un mille de tour et trois cents pieds de haut. Elle consistait en un cratère d'une forme agréable , qui présentait une ouverture vers le S. E., d'où sortait de l'eau chaude qui se rendait dans la mer. Le capitaine Tillard , qui visita cette île, le 4 juillet, et l'appela *Sabrina*, du nom de son bâtiment ; dessina cette vue telle qu'on l'apercevait du rivage , ainsi que le plan et la perspective de cette île merveilleuse. (*Philosof. transact. of the royal Society of London* , for 1812 , p. 152.) Le consul anglais Read a fait connaître qu'en octobre cette île avait commencé à disparaître peu à peu , et que, vers la fin de février 1822 ; on ne voyait plus que de la vapeur sortir de temps en temps de la mer, à l'endroit où l'île avait précédemment existé.

Le singulier *Porto de Itheo*, près *Villa-Franca*, ressemble en tout à *Sabrina* , et paraît avoir la même origine. Les vaisseaux y mouillent au milieu du cratère, et y entrent par cette crevasse propre à tous les cratères semblables. Les bords de ce cratère s'élèvent à quatre cents pieds , et sont formés de tuf, et non de substances compactes ; dans lequel des morceaux de lave , de scories et de ponce se trouvent mélangés. On voit un dessin de *Porto de Itheo* dans l'*History of the Azores*, 1813 , p. 80 et 82, de Thomas Ashe, et sur la belle carte de *S.-Michel*, du consul Read. (Londres, 1808.)

Pendant le grand tremblement de terre de 1757, qui bouleversa l'île de *S.-George* ou *Saô-Jorge*, et fit périr quinze cents personnes ou un septième de la population, on vit, selon plusieurs témoignages authentiques, mais peu circonstanciés, dix-huit îlots sortir de la mer à trois cents toises du rivage. (*Mercure de Madrid*, décembre 1757.)

Selon une tradition portugaise, très obscure il est vrai, l'île entière de *Corvo* serait sortie de la mer à la suite d'une éruption volcanique.

Le capitaine Kotzebue a donné les détails suivants sur la formation subite d'une île dans le voisinage d'*Umnak*, une des îles *Aleutes*, dans la région nord-ouest de l'Amérique. (*Endeck. Reise*, ii, 106.) Le 7 mai 1796, M. Krinckhoff, agent de la compagnie russe-américaine, se trouvait sur la pointe N. E. de *Umnak*; une tempête soufflant du N. O. ne permettait pas de voir en mer. Le 8, le temps s'éclaircit; on vit, à quelques milles du rivage, une colonne sortir de la mer, et, vers le soir, quelque chose de noir s'élever au-dessous de la fumée. Pendant la nuit il sortit du feu de la même place, quelquefois avec une intensité telle qu'à dix milles du lieu de l'éruption on distinguait parfaitement tous les objets. Alors un tremblement de terre, accompagné d'un bruit effroyable qui fut réfléchi par les montagnes du sud, ébranla tout le sol; l'île naissante lança des pierres jusques sur *Umnak*. Le tremblement de terre cessa au lever du soleil; le feu diminua, et on vit paraître la nouvelle île, d'une couleur noire et d'une forme conique. Un mois après, M. Krinckhoff la revit : elle était plus élevée; pendant tout ce temps elle n'avait cessé de vomir du feu. Depuis cette époque elle paraît encore avoir acquis en circonférence et en hauteur; mais les flammes ont été en diminuant. Elle ne lançait plus ordinairement que des vapeurs et de la fumée ; quatre ans après, celle-ci même disparut. Enfin, huit ans plus tard , en 1804 , des chasseurs visitèrent cette île ; toutes les eaux étaient à une température élevée, et le sol si chaud que, dans beaucoup d'endroits, il était impossible de marcher dessus. Un russe dit que sa circonférence, qui avait encore augmenté, était de deux milles et demi, son élévation de trois cent cinquante pieds; que le fond de la mer était parsemé de pierres jusqu'à une distance de trois milles. Depuis le milieu de la hauteur jusqu'au sommet, il trouva le sol chaud , et la vapeur qui sortait du cratère lui parut d'une odeur agréable (peut-être à cause du pétrole). A quelques centaines de brasses au N. de l'île , se trouve un rocher élevé , en forme de colonne , qui avait été vu par Cook et ensuite par l'amiral Saritschew. Son élévation , si on la compare à sa circonférence, est vraisemblablement plus considérable qu'on ne vient de l'indiquer ; elle devrait être de quelques milliers de pieds : aussi Langsdorf dit qu'elle paraît d'une hauteur moyenne. Lorsque ce voyageur l'aperçut , le 18 août 1806, on voyait sur sa partie N. O. quatre cônes disposés en échelons ; le plus grand avait de tous côtés la forme d'une colonne , et s'élevait perpendiculairement. (*Langsdorff's Reise* , II, 209.) Elle fut encore visitée , en avril 1806, par des voyageurs partis d'*Unalaschka*. (Elle est évidemment située à quarante-cinq werstes à l'O. de la pointe septentrionale de cette île). On employa six heures pour en faire le tour en ramant, et un peu plus de cinq heures pour arriver en droite ligne du rivage au sommet du pic. Il brûlait du côté du nord, et il en sortait une lave molle qui coulait depuis le sommet jusques dans la mer. Du côté du sud, le sol était froid et plus uni. On remarquait sur les flancs de la montagne beaucoup d'ouvertures et de crevasses lançant de grandes quantités de vapeurs qui déposaient du soufre. On s'apercevait encore, à cette époque, que l'île continuait à croître en circonférence et le pic en hauteur.

Vers la fin de l'année 1780 , à dix lieues de *Reikianess*, sur la côte S. O. de l'Islande, des flammes sortirent pendant plusieurs mois de la mer , et on vit une île s'élever. Cette île jeta des flammes et des pierres-ponces ; mais elle disparut bientôt. Aussitôt que ces flammes cessèrent, la grande éruption de *Skaptaa-Jokul* eut lieu. Pendant ce temps , une grande quantité de ponce fut lancée sans interruption sur les rivages de *Guldbringe* et du *Snafialls-Syssel*. (Mackensie, *Travels*, p. 565 ; M. de Lœvenœrn, *Lettre sur l'île nouvelle*; Copenhague , 1787.)

Le *Kamtschatka* a été témoin , à plusieurs reprises, de phénomènes semblables ; la dernière éruption connue est celle du 10 mai 1814 , qui donna naissance à une petite île qui vomissait du bitume par plusieurs ouvertures. (*Annals of Philosophy* , 1814.)

Par les exemples que je viens de citer , on ne peut donc révoquer en doute que le fond de la mer ne soit couvert de bouches ignivômes comme les continents, et que le feu n'agisse avec autant d'intensité dans ces profondeurs que sur nos côtes : seulement, en raison de la situation, ces phénomènes volcaniques ont été moins souvent et moins bien observés.

Je devrais, à la suite des considérations que je viens de présenter sur la position géognostique et la géographie physique des volcans, faire connaître tous ceux qui sont actuellement brûlants à la surface du globe ; mais, comme cette question est purement de statistique, et qu'elle m'entraînerait dans de trop grands développements qui ne seraient pas ici tout-à-fait à leur place , je préfère la renvoyer à la fin de cette dissertation. Je donnerai alors le récensement aussi complet que possible des volcans actifs , avec quelques détails sur les phénomènes les plus intéressants que chacun d'eux présente en particulier.

CHAPITRE IV.

PHÉNOMÈNES QUE PRÉSENTENT LES VOLCANS DANS LEURS MOMENTS D'ACTIVITÉ ET DANS LEUR ÉTAT DE REPOS.

Nous voici arrivés à la partie la plus intéressante de l'histoire des volcans : je vais décrire les phénomènes à la fois majestueux et terribles que présentent ces montagnes brûlantes ; j'examinerai ensuite ce qu'elles offrent de particulier dans les moments de repos qui séparent les éruptions.

J'ai défini, en commençant cette dissertation, les différentes parties qui composent les montagnes volcaniques, c'est-à-dire ce qu'on nomme vulgairement *foyer*, *cheminée*, *cratère*. Je compléterai ces définitions par quelques mots.

Une montagne volcanique a la figure d'un cône droit, tronqué à une certaine distance de la base ; de sorte que celle-ci est beaucoup plus étendue que la cime ou le vertex. Le cône tronqué s'appelle *cratère externe*, ou seulement *cratère*. Cependant, lorsqu'on arrive à son sommet, on trouve une cavité de forme conique, large à son embouchure, et qui se resserre vers son fond ; on l'appelle *entonnoir*, *cône renversé* ou *cratère interne*.

Dans les volcans très anciens, le cratère interne est quelquefois changé en lac (1) ; d'autres fois, rempli de

____

(1) Les lacs de *Castello Gandolfo*, de *Nemi*, de *Vall'Aricia*, de *Juturna*, de *San-Giuliano*, de *Gabri*, de la *Solfatara* près

matières qui sont tombées des parois , il s'est transformé en une plaine.

Le sommet des volcans actifs est sujet à des variations continuelles ; les matières rejetées pendant les éruptions, et qui retombent perpendiculairement sur le cratère , en augmentent incessamment la hauteur, tandis que, d'un autre côté, des éboulements partiels tendent constamment à la diminuer. Les grandes éruptions font toujours varier l'état du cratère ; elles l'agrandissent, en faisant voler en éclats ou en précipitant dans l'intérieur de l'abime les parois qui avaient fini par en obstruer l'ouverture. En 1660 , d'après le père Kircher, une éruption violente du *Vésuve* enleva un chapiteau qui avait été plusieurs années à se former, et qui avait donné beaucoup de hauteur à la montagne. (*Monde souterrain*, chap. III.) Avant 1822 , ce volcan avait quatre mille deux cent cinquante-deux pieds de hauteur : depuis il en a perdu huit cents. Le cratère n'avait que cinq mille six cents pieds en circonférence, et à présent il a trois milles et demi de tour et quinze cents à deux mille pieds de profondeur. La montagne a recommencé à élever de la fumée du fond du cratère. (*Edinb. Journ. of scienc.* ; juillet 1827, p. 11.) L'*Etna* présente également de continuelles variations dans la forme, la grandeur et la profondeur de son cratère, ainsi qu'on le voit par les mesures qu'en ont données, en différents temps, les auteurs qui l'ont étudié. Il s'est écroulé à diverses reprises, comme en 1157, 1329, 1444, 1669, etc., après s'être reformé en s'élevant peu à peu à la suite

---

Tivoli, de *Baccano*, de *Bracciano*, de *Lago-Morto*, d'*Anagni*, tous dans la campagne de Rome , ne sont autre chose que les cratères d'anciens volcans , qui ont servi de réceptacle aux eaux pluviales. (*Pantogramma*, ou *Vue descriptive de la campagne de Rome*, par F. Ch. L. Sickler ; in-8º, avec cartes et vues. Rome , 1824.)

de nouvelles éruptions. Mais la grandeur du cratère interne n'est pas toujours relative à celle du volcan qui le supporte ; ainsi, le volcan de *Vulcano*, l'une des îles *Eoliennes*, qui ne s'élève qu'à huit cents mètres au-dessus de la Méditerranée, et par conséquent au septième de la hauteur de l'*Etna*, offre un des cratères les plus grands après ce dernier. Le *Pic de Ténériffe* ne possède qu'un cratère très petit, quoique les laves qu'il a vomies aient couvert l'île entière et produit une montagne beaucoup plus élevée que l'*Etna*. Le plus vaste cratère connu jusqu'à présent est celui du volcan de *Kiranea*, dans les îles *Sandwich* ; il a plus de deux lieues de circonférence. Il n'est pas moins remarquable par sa situation ; il se trouve au milieu d'une plaine, et, dans son fond, qui est immense, bouillonne une mer enflammée. (*North-American Review*, et *Revue britannique*, 10ᵉ numéro, p. 143.)

Le cratère des volcans actifs n'est pas toujours permanent : souvent il se ferme après chaque éruption. Il n'est pas non plus constamment placé au sommet de la montagne : quelquefois il est sur les flancs. Quelques volcans ont un cratère sur la cime et un autre latéral ; d'autres en ont plusieurs sur la cime ; enfin, il en est encore d'autres qui, quoique ayant des courants de laves, ne présentent aucune trace de vrai cratère. *Stromboli* a sur la cime un cratère continuellement en action ; le *Vésuve* et l'*Etna* ont sur la cime un cratère qui se montre actif en même temps que les éruptions latérales ; le *Pic de Ténériffe* a sur sa cime un cratère éteint, et rentre ainsi dans la classe des volcans dont le cratère est comme transitoire ; sa dernière éruption était latérale. Le mont *Colima*, au Mexique, a, sur la cime, deux cratères qui vomissent en même temps de la fumée et des laves. L'*Antisana*, dont les éruptions sont connues, n'a point de cratère à son sommet. Il en est de même pour le *Keffer*, situé dans l'intendance de Vera-Cruz, et pour l'*Epoméo*, aujourd'hui *Tripéta*. Souvent, sur le penchant des collines qui ont des éruptions latérales, il se forme des cratères d'éruption, ce qui produit des monticules plus ou moins élevés. Ainsi se formèrent, sur l'*Etna*, le *Monte-Negro*, en 1536, et le *Monte-Rosso*, en 1669. Suivant Breislack, en 1794, quatre cratères d'éruption s'élevèrent sur le *Vésuve*. Il se forme aussi des ouvertures d'éruption, comme au *Pic de Teyde*, à l'*Epoméo*, au *Vésuve*, et à d'autres volcans ; ou bien des cratères profonds se forment, et surpassent en grandeur l'ouverture de la cime, comme la *Chahorra* à *Ténériffe*, qui est cinq fois plus grande que le cratère de la cime du Pic. Ces fentes ne se produisent jamais dans une autre direction que celle qui suit exactement la pente du cône, depuis le sommet jusqu'au pied. (Brongniart, *Dict. des Sciences naturelles*, tome 68, p. 398.)

Les éruptions volcaniques sont ordinairement précédées et accompagnées de phénomènes aussi surprenants que terribles. Je vais essayer d'en donner une idée aussi exacte que possible, d'après les observations recueillies par différents naturalistes qui se sont occupés de ce genre de faits, et qui ont été témoins de ces convulsions remarquables de la nature.

Les phénomènes volcaniques proprement dits sont en assez grand nombre. Les uns sont *généraux*, c'est-à-dire qu'ils sont communs à tous les volcans ; d'autres ne sont que *partiels*, c'est-à-dire qu'ils ne se présentent que dans telle ou telle localité. Parmi les premiers on doit ranger les tremblements de terre et les bruits souterrains, le rejet de matières fondues ou de laves, de matières solides et pulvérulentes, le dégagement de gaz ou de vapeurs : parmi les seconds, les changements dans la forme du sol, les soulèvements de terrains et l'apparition de nouvelles îles, les affaissements et engloutissements de terrains, les fentes et crevasses dans la superficie de la terre, les changements et phénomènes dans les eaux courantes, dans les sources,

dans les rivières et dans les eaux de la mer; le rejet de
matières liquides ou boueuses, de bitume; etc. Je vais
jeter un coup-d'œil sur ces divers phénomènes, et rappeler
ce qu'ils présentent de plus intéressant.

PHÉNONÈMES GÉNÉRAUX.

§ I. *Tremblements de terre. Bruits souterrains.*

Il est impossible de ne pas reconnaître une connexion intime entre les volcans et les tremblements de terre, car les
éruptions volcaniques sont accompagnées ou précédées de
commotions plus ou moins violentes, plus ou moins étendues; et l'on a vu beaucoup de volcans apparaître à la suite
des secousses qu'éprouvait une contrée voisine, ou même
éloignée, du lieu où le feu se manifestait pour la première
fois. Mais on doit distinguer deux sortes de tremblements
de terre : les uns, restreints à un petit espace, semblent
propres à un volcan ; leurs secousses ne s'étendent pas au-
delà de quelques lieues, et leurs paroxismes paraissent liés
avec ceux de ce volcan : les autres, plus étendus, se font
sentir à des distances souvent considérables, et se propagent
avec une vitesse incalculable : souvent des contrées très
éloignées les unes des autres sont remuées violemment et
d'une manière simultanée. Ces derniers sont souvent alors
indépendants des phénomènes volcaniques, puisque de grandes chaînes de montagnes nullement volcaniques, comme
les Alpes, par exemple, en ressentent très fréquemment;
mais, dans le plus grand nombre des cas, cependant, on
peut avancer qu'ils tiennent à la même cause. Lors du tremblement qui renversa *Lima*, en 1746, et qui, au rapport des
observateurs, fut un des plus terribles que l'on ait ressentis,
il s'ouvrit quatre volcans dans la même nuit, et aussitôt après
le calme reparut. (Ulloa, *Voyage en Amérique*). On ob-

serve généralement que les tremblements de terre se terminent par une éruption : ainsi est-il arrivé à Lima, comme je
viens de le dire à l'instant ; près de *Pouzzole*, dans le royaume
de Naples, lors de la formation du *Monte-Nuovo*, en 1538 ;
au Mexique, en 1759, lors de l'apparition du *Jorullo* ; à
Saint-Vincent, une des Antilles, où le *Morne-Garou* fit
éruption en 1812, après que l'île eut éprouvé des secousses
souterraines pendant plus d'une année, etc., etc. Quelquefois, cependant, il arrive que les commotions souterraines
persistent après la formation d'un cratère : témoin ce qui eut
lieu, en 1730, dans l'île de *Lancerote*, une des *Canaries*,
où, après que l'éruption eut cessé, le tremblement de terre
continua encore pendant des années.

Les tremblements de terre sont des phénomènes aussi
extraordinaires que les éruptions volcaniques, et à ce
droit ils mériteraient de fixer notre attention ; mais je
me contenterai, et cela suffira pour le but que je me
propose, d'avoir fait remarquer les grands rapports qui
existent entre les uns et les autres. Ainsi j'omets à des-
sein de parler, et des effets prodigieux que ces commotions produisent, tant à la surface des continents que
dans les profondeurs des mers, et de la rapidité merveilleuse avec laquelle les secousses se propagent, et d'une
foule d'autres particularités aussi intéressantes. Les ouvrages
des naturalistes et des voyageurs sont remplis de détails
à cet égard (1). Presque toujours ces tremblements sont
précédés par des bruits sourds, semblables à celui du canon

---

(1) Voir les *Mémoires sur les tremblements de terre*, par Ber-
trand ; la *Collection académique*, t. 6 ; le *Voyage d'Ulloa en Amérique* ; le *Voyage dans les Deux-Siciles*, par Spallanzani ; les
Institutions géologiques, par Breislack ; les ouvrages de Deluc, de
Dolomieu, d'Hamilton, de M. Humboldt, etc.

Voir aussi *Von den Ursachen der Erdbeben*, etc. : *des Causes*

ou au fracas des voitures roulant sur le pavé, par des mugissements souterrains, sans aucune direction déterminée. Les terribles tremblements de terre qui eurent lieu, en 1746, à *Lima*, en 1783, à *Messine*, en 1812, à *Caraccas*, furent précédés par des bruits souterrains très-forts. Les éruptions volcaniques sont également annoncées le plus habituellement par de pareils pronostics. « Dans quatre voyages que « je fis sur le cratère (du *Vésuve*) au mois de mars (1815), « dit sir Humphry Davy, j'avais appris à estimer la violence « de l'éruption d'après la nature de la détonation : un « tonnerre souterrain très sonore et long-temps continué « annonçait une explosion considérable. Avant l'éruption, « le cratère paraissait parfaitement tranquille, et son fond, « sans aucune ouverture apparente, était couvert de cendres. « Bientôt des bruits sourds et confus se faisaient entendre, « comme s'ils venaient d'une grande distance : peu à peu « le son approchait, et ressemblait bientôt à celui d'une « artillerie qui aurait été sous nos pieds. Alors des cendres « et de la fumée commençaient à s'échapper du fond du

---

des tremblements de terre, et des phénomènes magnétiques; deux mémoires couronnés, par F. Kries ; in-8°., Leipzig, 1827.

Tremblements de terre, par M. Muncke; (*Physikalisch Wörterbuch*, de Gehler, revu par Brandes, Gmelin, Horner, Muncke et Pfaff; 5e vol., 1817, p. 800.)

Catalogue des tremblements de terre, des éruptions volcaniques et de phénomènes semblables depuis 1821, par M. de Hoff; (*Ann. der Physik von Poggendorf*; vol. 7, p. 159 et 289; et vol. 9, cah. 4, p. 589.)

Essai d'un Catalogue chronologique des tremblements de terre et des éruptions volcaniques, depuis le commencement de notre ère, par M. Ch. Keferstein; (*Teutschland geolog. Dargestellt*; vol. 4, cah. 3, p. 280, 1827.)

Annales de Chimie et de Physique de chaque année depuis 1815.

Bulletin des Sciences naturelles et de Géologie, sous la direction de M. de Ferussac; 1823—1830.

« cratère : enfin la lave et les matières incandescentes étaient
« projetées avec les plus violentes explosions. Je n'ai pas
« besoin de dire que, quand j'étais sur le bord du cratère,
« étudiant le phénomène, le vent venait de mon côté et
« soufflait avec force. Sans cette circonstance, il y aurait eu
« du danger à y rester. Toutes les fois que l'intensité du
« tonnerre m'annonçait une explosion violente, je m'éloi-
« gnais toujours, en courant aussi vite que possible, du
« siège du danger. » (*Sur les phénomènes des volcans*, par
sir H. Davy; *Annales de chimie et de physique*, t. 38,
p. 133.)

Ces bruits, ces détonations, se font quelquefois entendre
à des distances considérables. Les mugissements souterrains
du *Cotopaxi* s'entendirent, dans l'éruption de 1744, jusqu'à la distance de 220 lieues. Les détonations qui accom-
pagnèrent la violente éruption du *Tomboro*, dans l'île de
Sumbawa, en 1815, s'entendirent à *Sumatra*, distant de
la montagne, en ligne droite, de 300 lieues. Les explosions
qui annoncèrent, le 27 avril 1812, la première éruption
de cendres du volcan de *S.-Vincent (Antilles)*, ne parurent
pas plus fortes aux habitants de l'île que celles d'un canon
de gros calibre : ces explosions, cependant, furent parfaitement entendues sur le *Rio-Apure*, au confluent du *Rio-
Nula*, à 210 lieues du volcan, c'est-à-dire à la distance du
Vésuve à Paris. Le bruit paraissait si bien transmis par l'air,
qu'on le prit pour des décharges d'artillerie, et qu'il donna
lieu, sur beaucoup de points du continent d'Amérique, à
des dispositions militaires. (Humboldt.)

§ II. *Éruption des laves.*

Ce qui caractérise principalement les éruptions volcaniques, sous toutes les zônes, c'est le rejet de matières de
nature terreuse tenues en fusion à l'aide d'une haute tem-

pérature. On a donné vulgairement le nom de *laves*, du mot allemand *laufen* (couler ou courir), à toutes les matières qui sortent d'un cratère sous cet état de fluidité ignée; mais on conçoit facilement que cette dénomination, suffisante quand on croyait que toutes les laves se ressemblaient sous le rapport de leur composition minéralogique, ne représente plus maintenant à l'esprit qu'une manière d'être commune à toutes les roches fondues par l'action volcanique, et non une espèce de roche déterminée minéralogiquement. Aussi plusieurs géologues très distingués, notamment MM. Cordier, Poulett-Scrope, Brongniart, Ungern-Sternberg (1), ont-ils fait disparaître cette expression de leur nomenclature, et donné des noms différents aux diverses variétés de laves rejetées par les bouches ignivômes. Quoi qu'il en soit, on conserve encore cette qualification de *laves*, dans le langage descriptif, pour désigner collectivement les diverses matières sortant d'un cratère avec les caractères que j'ai indiqués. Il suffit de savoir le sens qu'on doit y attacher désormais.

L'aspect des laves, à leur sortie des entrailles de la terre, la chaleur élevée qu'elles possèdent, ont fait penser de tout temps aux observateurs que ces matières étaient toujours à l'état de fusion complète dans les profondeurs du globe. Quelques hommes, doués d'un courage plus qu'humain, ont été assez hardis pour s'exposer jusque sur les bords fragiles de ces bouches vomissant le feu et la mort, afin de porter un coup d'œil scrutateur dans ces ténébreuses fournaises de la nature. Tous disent avoir vu la lave dans un état de liquidité et d'incandescence

---

(1) L'ouvrage très intéressant de ce dernier géologue est intitulé : *Werden und Seyn des vulkanischen Gebirges : Nature des Roches volcaniques*; in-8°, de 320 p., avec 8 tables. Carlsruhe, 1825, Braun.

semblable à celui des matières métalliques que nous soumettons à l'action de nos fourneaux. Le célèbre architecte Soufflot se fit suspendre, en 1750, dans l'intérieur du cratère de l'*Etna*, à l'aide de longues cordes attachées aux bords mêmes de la cavité. Un évêque anglais se fit aussi descendre, il y a à peu près soixante ans, sur un rocher qui faisait saillie dans le *Vésuve* : il vit, dans le fond du gouffre, comme un lac de feu sur lequel voltigeaient des flammes bleuâtres. Spallanzani étant monté, en 1788, à la cime de l'*Etna*, dans un moment où le volcan était parfaitement tranquille, put entrer dans le cratère : au fond, il vit une ouverture d'une trentaine de pieds, d'où s'élevait perpendiculairement une colonne de fumée très blanche, qui pouvait avoir vingt pieds de diamètre dans sa partie inférieure. S'étant approché du bord dans le temps où la colonne était poussée par le vent dans un sens opposé, il aperçut, au fond de l'ouverture, une matière liquide, embrasée, qui avait un mouvement d'ébullition très léger ; on la voyait descendre et monter presque jusqu'au cratère : c'était la lave. Les pierres qu'on y jetait faisaient entendre un bruit pareil à celui qu'elles auraient produit si elles étaient tombées sur une pâte. Le même naturaliste a pu de même apercevoir l'état intérieur du cratère du *Stromboli* : la lave présentait le même aspect, avec cette particularité qu'elle était dans une agitation continuelle assez violente. (*Voyage dans les Deux-Siciles*, chap. VIII et X.)

Lorsque le cratère d'un volcan est assez bas pour que la lave puisse s'élever jusqu'à ses bords, alors elle dégorge au dehors par la partie la moins élevée de l'ouverture ou par celle qui lui oppose le moins de résistance, et produit ces courants qui descendent du sommet du cône volcanique jusque dans les plaines environnantes, portant avec eux l'épouvante et la destruction. La lave, à sa sortie, a une liquidité pâteuse, qu'on peut très bien comparer à celle des scories qui s'écoulent sur la *dame* des hauts fourneaux où l'on réduit le fer. Quand, au lieu de déborder par le cratère, elle s'échappe en petite quantité par une ouverture latérale de la montagne, on dirait une masse pâteuse qu'on force à sortir du vase qui la contient, en exerçant une forte pression sur elle.

Les courants de laves s'avancent, en suivant les inégalités du sol, avec une rapidité qui dépend de plusieurs causes, de leur fluidité, de l'inclinaison du terrain, des obstacles accidentels qui peuvent s'opposer à leur cours, et du choc qu'ils reçoivent de la matière nouvelle qui s'épanche de la fournaise. Suivant les modifications qu'apportent ces circonstances, les laves mettent des journées entières pour s'avancer de quelques pas, ou bien parcourent des distances considérables en fort peu de temps. Les courants de l'*Etna* font ordinairement un trajet de quatre cents mètres par heure, sur un terrain incliné. Dolomieu en cite un qui a mis deux ans pour parcourir trois mille huit cents mètres. Un autre, sorti de l'*Etna* en 1614, se dirigea sur *Randazzo* : pendant dix ans que dura l'irruption, il eut toujours un petit mouvement progressif, et cependant il n'avança que de deux milles. M. de la Torre a vu des courants, au *Vésuve*, avancer de huit cents mètres dans une heure ; Hamilton en a observé un qui faisait dix-huit cents mètres dans le même laps de temps ; dans l'éruption de 1776, on en vit un parcourir plus de deux mille mètres en quatorze minutes. M. de Buch, présent à l'éruption de 1805, aperçut un torrent de laves s'élancer de la cime avec une rapidité extraordinaire ; en trois heures de temps, il fut près des bords de la mer, à plus de sept mille mètres, en ligne droite, du point de départ. (De Buch, *Bibliothèque Britannique*, t. 30.)

La surface des courants ne tarde pas à perdre sa fluidité et sa haute température : elle noircit peu à peu par le contact de l'air, et se solidifie complètement ; c'est la première partie de la masse qui se refroidit ; les pluies et les cours d'eau de toute espèce en accélèrent le refroidissement. Quand les courants rencontrent des obstacles, ils s'accumulent et forment dans ces endroits des lacs de matières fondues, dont la chaleur se conserve pendant plusieurs années. La lave de l'*Etna*, de 1669, était encore chaude au bout de huit ans ; d'autres fumaient encore sur la même montagne vingt-six ans après leur sortie de la bouche volcanique. Hamilton ayant jeté des morceaux de bois dans les fentes d'une lave du *Vésuve* sortie depuis trois ans et demi, et éloignée de deux lieues du cratère, cette matière combustible prit feu subitement.

Il arrive souvent que, long-temps après que la surface d'un courant de lave est solidifiée, de manière à permettre de marcher dessus, on voit sortir de l'intérieur un courant de matières incandescentes, souvent même des flammes. Le torrent qui détruisit en 1794 *Torre del Greco* offrit ce phénomène. Quelquefois aussi on voit, à travers des fentes qui se forment à la surface, la matière encore brûlante dans l'intérieur. Dans les volcans qui sont situés près de la mer, il arrive fréquemment que les courants se dirigent vers ses bords et coulent sous les flots, où ils ne se refroidissent qu'au bout d'un temps plus ou moins long. En 1669, un courant échappé de l'*Etna*, après avoir formé le *Monte-Rosso*, dont la masse équivaut à celle du *Vésuve*, s'éleva au-dessus des murs de *Catane*, couvrit une partie de la ville, et fut se précipiter dans la mer, où il produisit le promontoire de la *Sciara*. (Spallanzani, *loc. cit.*, 1., p. 223.) (1)

---

(1) Non-seulement les laves continuent à brûler long-temps après leur sortie du cratère, mais on a vu d'anciens courants se ranimer et recommencer à jeter des fumées et mêmes des flammes. Dolomieu cite une lave de l'île d'*Ischia*, sortie en 1301 du cra-

Les parties supérieure et inférieure des courants sont ordinairement plus poreuses, comme je l'ai déjà dit, que les parties centrales, qui sont compactes. Cette règle n'est cependant pas générale. Par le refroidissement, toute la masse se fendille, quelquefois en tous sens; pendant tout le temps qu'elle est incandescente et en fusion, elle émet une grande quantité de fumée blanche, qui diminue à mesure qu'elle se refroidit et devient plus pâteuse; le dégagement se renouvelle lorsque, étant dans cet état, on remue la partie supérieure et que l'on met à découvert la lave contenue dans l'intérieur du courant. Ces vapeurs ou fumée n'ont pas toujours la même composition; elles ne sont jamais formées par de l'eau pure; le plus ordinairement elles sont dues à du chlorure de sodium sublimé, pur ou mêlé de chlorure de fer; d'autres fois, avec les sels précédents, il y a plus ou moins de sulfate dé soude, de sulfate de potasse, d'hydrochlorate de potasse, plus rarement de l'oxide de cuivre. On y indique aussi des sulfate et hydrochlorate d'ammoniaque. Ces sels sublimés ne tardent pas à se déposer aux environs du lieu où coule la lave, et même sur les parois des fissures ou de la croûte du courant refroidi; on en trouve, du reste, tout à l'entour du cratère, sous forme de matières pulvérulentes de diverses teintes, car ces vapeurs accompagnent la sortie de la lave. Les sublimations du chlorure de sodium sont quelquefois des plus abondantes, puisqu'on trouve aux environs du cratère des masses non agrégées de ce sel de près d'un pied d'épaisseur. Le *Vésuve* en a rejeté quelquefois des masses considérables; en 1822, surtout, il en a lancé une très grosse. M. Laugier, qui

---

tère de *Crémate*, au pied du mont *Eupomeus*, qui produisait de la chaleur et un dégagement de vapeurs aqueuses et acido-sulfureuses, lorsqu'il l'observait en 1785. (*Voyage aux îles de Lipari*, etc., p. 33 et 522).

a analysé de ces sublimations salées, les a trouvées composées ainsi qu'il suit :

Sel marin................ 62,9
Muriate de potasse...... 10 »
Silice................... 11 »
Fer..................... 4 »
Alumine................ 3 »
Chaux................. 1 »

91,9

Sir H. Davy, qui, dans ses ascensions sur le *Vésuve* pendant l'éruption de décembre 1819, janvier et février 1820, vérifia la nature de ces vapeurs blanches dégagées par la lave, trouva une fois, dans une cavité, non loin de la bouche ignivôme, un grand cristal coloré légèrement en pourpre ; c'était du sel marin mêlé à une très petite proportion d'hydrochlorate de cobalt. C'est la première fois, à ma connaissance, qu'on a signalé ce dernier sel, parmi les produits volcaniques.

D'après tout ce que je viens de rapporter, on voit que la nature de cette fumée peut varier à l'infini, et qu'elle se rapproche de celle qui se dégage des cratères et des fissures volcaniques, quoique celle-ci ait d'ailleurs une composition plus compliquée, comme je l'indiquerai plus bas.

Les masses de laves qui sortent des volcans sont immenses ; l'esprit est effrayé de cette quantité prodigieuse de matières fondues qui doit se trouver dans les entrailles des montagnes brûlantes, pour fournir des courants aussi considérables que ceux qui descendent du haut des cratères. La lave qui sortit du *Vésuve*, en 1737, fut calculée, par Serrao, à 1,479,896 toises cubiques. Breislack, qui a donné une description de l'éruption de 1794, qui détruisit la ville de la *Torre del Greco*, a calculé que la lave qui dégorgea alors du *Vésuve* par deux points différents, avait 2,804,440 toises cubiques. Ces masses ne sont rien si on les compare à celles que vomit l'*Etna*. Dans l'éruption de 1669, qui coûta la vie à 17,000 personnes dans *Catane*, et à plus de 60,000 dans la *Sicile*, l'*Etna* couvrit de sa lave un espace de quatorze milles en longueur sur six milles en largeur, par conséquent quatre-vingt-quatre milles carrés de surface : si on multiplie ce nombre par la hauteur de la masse, on obtient un total qui effraie l'imagination. Un courant a couvert, en 1783, dans l'*Islande*, une étendue de vingt lieues de long sur quatre de large. Qu'on juge, d'après cela, de l'intensité d'action des volcans du nouveau monde, dont les ravages se font sentir à plus de quarante lieues à la ronde. Pour ne citer qu'un seul exemple, je rappellerai que le volcan de *Sumbawa*, dans les *Moluques*, couvrit de ses cendres une partie de l'île de *Java*, qui en est à plus de cent lieues.

Quand le torrent de laves s'est frayé une issue hors du volcan, il diminue peu à peu, et l'éruption se termine ordinairement par une apparition de matières pulvérulentes dont je parlerai bientôt. Il n'est pas rare de voir des éruptions sans laves. Lorsque cela arrive, la montagne volcanique éprouve presque toujours un bouleversement complet et un abaissement sensible de son sommet. Dans les *Andes*, des montagnes ont perdu jusqu'à la cinquième ou sixième partie de leur hauteur ; mais, dans ce cas, la base regagnait ce que le sommet perdait. A *Java*, la montagne de *Papandayan* a disparu, en 1772 ; sa base, de quinze milles de long sur six de large, est au niveau de la plaine environnante, et, dans l'espace qu'occupait la montagne, le sol conserve à peine un mètre de hauteur.

Tous les volcans en activité ne rejettent pas de la même manière les laves et les autres produits volcaniques recélés dans leur sein, comme il en a déjà été question au commencement de ce chapitre. Tantôt les éruptions se font par des bouches ignivômes ou cratères placés à leur sommet (petits volcans de l'*Italie méridionale*, de l'*Auvergne*, grand volcan mexicain de *Popocatepetl*, etc.); tantôt elles ont lieu latéralement, soit qu'il y ait un cratère au sommet de la montagne (*Pic de Ténériffe*), soit que la cime n'ait jamais été ouverte (*Antisana*, dans les *Andes de Quito*). Généralement, en Amérique, les volcans n'ont pas de cratère ; ce qui tient à ce que les montagnes étant trop hautes, la matière lavique ne peut pas être portée au sommet et s'écoule naturellement par des fentes qui se font sur leurs flancs. Certains volcans, creux dans leur intérieur, comme les précédents, ne présentent point d'ouverture au sommet et sur leurs flancs, et ils n'agissent que dynamiquement, en ébranlant les terrains d'alentour, en fracturant les couches et en changeant la surface du sol (*Chimborazo*, *Rucu-Pichincha*, *Capac-Urcu*, etc.)

Dans plusieurs localités (plateau de *Quito*, *Islande*, etc.), des laves sous forme de nappes sortent du sein de la terre entr'ouverte et s'amoncèlent ; ou bien ce sont de petits cônes d'une matière boueuse, nommée *moya*, dont j'ai déjà fait mention. Il est un fait curieux et généralement constaté, c'est que ces éruptions volcaniques sont modifiées, tant dans leur fréquence que dans la nature de leurs produits, par la hauteur absolue des bouches ignivômes, qui varie depuis cent à deux mille neuf cent cinquante toises environ ; le *Stromboli* et le *Cotopaxi* forment les deux termes de cette échelle.

§ III. *Rejet de matières solides et pulvérulentes.*

Les éruptions de laves sont ordinairement précédées par le rejet de matières solides ou pulvérulentes. Ces produits portent différents noms, suivant leur grosseur et leur nature. On les appelle *cendres*, quand ils sont sous forme de poussière fine , *rapilli* ou *sable* , quand ils sont en petites masses isolées , enfin *scories* , *larmes* , *amandes* et *bombes volcaniques* , quand ils ont une grosseur qui excède celle des rapilli , et qui peut varie à l'infini. Toutes les matières incohérentes lancées ainsi par les volcans , ne sont pas toujours de nature volcanique ; ainsi, plusieurs auteurs signalent des blocs de roches primitives, du granite , du micaschiste , de la diorite , du grès , du calcaire , etc. , parmi les produits des déjections ; mais ces cas sont assez rares.

Les *cendres volcaniques* ne sont autre chose que la substance même des laves réduite à une extrême ténuité. Elles sont ordinairement noires , ce qui provient de leur mélange avec de petites scories ; rarement elle sont sèches , mais presque toujours pénétrées de vapeurs aqueuses; alors, en tombant à la surface du sol, elles peuvent s'agglomérer et former des masses solides plus ou moins considérables. Entraînées par les gaz et les vapeurs qui sortent avec elles des cratères , ces cendres sont emportées dans l'atmosphère sous forme de nuages , que les vents poussent souvent à des distances prodigieuses. Procope assure qu'en 472 celles du *Vésuve* furent portées jusqu'à *Constantinople* , c'est-à-dire à deux cent cinquante lieues. Celles de l'*Etna* , en 1329, allèrent jusqu'à *Malte* ; celles de l'*Hécla* , en 1766 , se répandirent à cinquante lieues. *Rome* , *Venise* , sont très souvent incommodées par les cendres du *Vésuve*. En 1794, toute la *Calabre* fut enveloppée par les nuages épais que les cendres du même volcan produisirent. Beaucoup d'auteurs estiment que celles lancées par les volcans de l'Asie et de l'Amérique se répandent à plus de cent lieues de distance. Dans l'éruption considérable du *Tomboro* , volcan de l'île de *Sumbawa* , qui eut lieu en avril 1815, les cendres vomies par ce volcan s'étendirent sur *Java* , sur *Macassar* , sur *Batavia* ; elles parvinrent même jusqu'à *Bencoolen* , à *Sumatra* , qui est aussi éloigné du point de départ que l'*Etna* l'est de *Hambourg*.

La rapidité avec laquelle ces cendres sont entraînées à des distances si considérables, n'a rien qui doive étonner, si on fait attention que la vitesse du vent peut aller jusqu'à cent trente-deux pieds par seconde, ce qui fait vingt-neuf lieues par heure et sept cents par vingt-quatre heures, s'il soufflait pendant tout ce temps dans une même direction et avec la même violence. Ces cendres forment des nuages si épais, que les endroits où elles s'étendent sont plongés souvent dans une obscurité profonde. Dans la fameuse éruption du *Vésuve*, arrivée le 22 octobre 1822, et qui dura douze jours de suite, l'atmosphère était tellement remplie de cendres, que tout le pays, au milieu du jour, fut, durant plusieurs heures, enveloppé de ténèbres profondes, et qu'on allait dans les rues des villages avec des lanternes, comme cela arrive si souvent à *Quito*, pendant les éruptions du *Pichincha*. Dans l'éruption de l'*Hécla*, en 1766, de pareils nuages produisirent une telle obscurité, qu'à *Glaumba*, éloigné de plus de cinquante lieues, on ne pouvait se conduire qu'à tâtons. (Olaffen's, *Reise durch Island*.) Le premier mai 1812, un nuage de cendres et de sables volcaniques, venant d'un volcan de l'île *Saint-Vincent*, couvrit toute la *Barbade* (distant de plus de vingt lieues), et y répandit une obscurité si profonde qu'à midi, en plein air, on ne pouvait apercevoir les arbres et autres objets près desquels on était, pas même un mouchoir blanc placé à six pouces des yeux. (*Annales de Chimie et de Physique*, octobre 1818.) A l'éruption du *Cotopaxi*, le 4 avril 1768, la pluie de cendres fut si forte, qu'à *Saint-Ambato* et à *Tacuaga*, les habitants marchaient dans les rues, pendant le jour, avec des lanternes. (1)

---

(1) M. Vauquelin a fait, dans ces dernières années (1826), l'analyse des cendres vomies par l'*Etna* dans le courant de 1822, et qui lui furent envoyées par M. Ferrari, professeur d'histoire natu

Les *sables volcaniques*, les *rapilli*, que rejettent également les volcans, sont de très petits fragments de scories provenant de la matière lavique même, qui, projetée en l'air sous forme de gouttelettes, s'est figée subitement. Ces

---

relle à *Palerme*. Ces cendres avaient une couleur grise, une ténuité assez grande ; chauffées au rouge, avec le contact de l'air, elles exhalaient de l'acide sulfureux ; dans un vase clos, elles donnaient du soufre ; lessivées avec de l'eau, il se dissolvait du sulfate de cuivre, du sulfate de chaux, du sulfate d'alumine, du sulfate de magnésie, et un muriate dont la base n'a pas été déterminée. D'après les expériences du célèbre chimiste français, elles contenaient :

Du sulfate de chaux ;

Du sulfure de fer, ou pyrite ;

De l'alumine ;

De la silice ;

De la chaux, ou plutôt une roche formée de ces trois terres ;

Du sulfate de magnésie ;

Du sulfate de cuivre ;

Du sulfate d'alumine ;

Un muriate dont l'espèce est inconnue ;

Des traces de soufre isolé ;

Du charbon ;

De l'eau.

Voici les proportions de ces substances, sur 100 parties :

Silice	28,10
Sulfate de chaux	18
Sulfure de fer	20,88
Alumine	8
Chaux	2,60
Charbon	1
	78,58

L'eau, le sulfate de cuivre, le sulfate d'alumine, le sulfate de magnésie, les traces de muriate et de soufre libre, doivent s'élever à 21,42 pour compléter les 100 parties.

M. Vauquelin n'a pu vérifier si ces cendres renfermaient un alcali, faute d'une quantité suffisante de matière.

(*Ann. de Chimie et de Physique*, t. 32, p. 106).

petites particules, ordinairement d'une couleur noirâtre, sont entremêlées de cristaux d'augite et de felspath plus ou moins brisés, de verre volcanique, quelquefois de brèches. Les scories, les ponces et autres matières incohérentes solides, qui se trouvent souvent à la surface de la matière lavique incandescente renfermée dans le cratère, soulevées, par les courants de gaz qui s'échappent de son sein, à une hauteur considérable au-dessus de la bouche volcanique, et maintenues en équilibre dans l'air pendant trente ou quarante minutes, au moyen des nouvelles matières que le volcan continue à vomir, roulent continuellement les unes sur les autres, s'entre-choquent, se brisent et finissent par se réduire en grande partie en sable ou rapilli. La quantité de ces rapilli que les volcans rejettent est incalculable ; ils constituent la majeure partie des déjections et de la masse de plusieurs montagnes volcaniques. Leurs particules les plus fines se mêlent aux cendres, et sont entraînées avec elles au loin, tandis que les plus grossières retombent au pied et sur les flancs de la montagne. Elles s'accumulent alors, et forment souvent des monticules plus ou moins élevés.

Les *scories*, les *larmes*, les *amandes*, les *bombes volcaniques*, sont lancées en même temps que les cendres et les rapilli. Les premières sont le plus souvent entraînées par le torrent, alors qu'elles sont déjà solidifiées depuis quelque temps, tandis que les autres proviennent de portions de lave incandescente qui se concrètent dans les airs et retombent sous forme de blocs auxquels on a donné des noms différents suivant leur volume. Quelquefois ces matières sont encore dans un état de mollesse quand elles tombent sur les flancs de la montagne, et alors elles s'applatissent par l'effet de leur chute, et prennent l'empreinte des objets qu'elles recouvrent. Ces *larmes*, ces *bombes*, sont souvent vitreuses à leur surface, ou couvertes d'une croûte scoriforme, quelquefois composées de plusieurs couches, dont lés unes sont pierreuses, les autres vitreuses. Ces blocs ne sont jamais parfaitement sphériques, mais ordinairement alongés. Leur volume est parfois extraordinaire ; ceux que le *Cotopaxi* et le *Pic de Teyde* ont lancés ont plusieurs toises de circonférence. Plus les volcans sont élevés, plus les masses qu'ils lancent sont volumineuses. Ainsi, tandis que le *Cotopaxi* vomit des morceaux monstrueux que toutes les forces humaines réunies ne pourraient mettre en mouvement, le *Stromboli* ne lance ordinairement que des fragments de quelques centimètres de diamètre.

La hauteur à laquelle ces masses s'élèvent dans l'air est souvent prodigieuse. Le P. della Torre raconte (*Histoire du Vésuve*) que, dans le violent incendie du 20 janvier 1755, ayant calculé le temps que les cailloux lancés mettaient à tomber, il le trouva de huit secondes, d'où il conclut qu'ils étaient montés à la hauteur de neuf cent cinquante-six pieds de Paris. Les pierres que lança le *Vésuve*, en 1779, restèrent en l'air pendant vingt-cinq secondes ; l'*Etna*, en 1669 et en 1819, lança de grandes masses de pierres jusqu'à une lieue de distance. Le *Cotopaxi* a rejeté, en 1533, des masses de dix mètres cubes à trois lieues au loin de la montagne. M. d'Aubuisson de Voisins a cherché à connaître quelle pouvait être la plus grande vitesse de projection des volcans, et il a trouvé, par le calcul, que cette plus grande vitesse, pour le *Vésuve* et l'*Etna*, n'allait pas au delà de celle qu'ont les boulets au sortir de nos canons, vitesse qui est de quatre à cinq cents mètres par seconde.

Toutes ces matières solides incohérentes, composées de cendres, de rapilli, de scories, de ponces, de morceaux de laves rompus et brisés, de pierres même nullement volcaniques, constituent donc les déjections des volcans. Ces déjections se font par jets qui paraissent enflammés pendant la nuit ; se succèdent avec une grande irrégularité, et souvent avec une telle fréquence que les pierres d'un jet sortent de la bouche du volcan tandis que celles lancées par le jet précédent sont encore en l'air ou retombent. Dans ce cas, la hauteur à laquelle ces pierres s'élèvent n'est pas ordinairement très grande; d'autres fois, au contraire, comme je viens de le dire tout à l'heure, ces matières sont lancées à de très hautes élévations, et offrent une masse volumineuse. Dans la fameuse éruption du *Vésuve*, en 1794, aussitôt que le dégorgement de la lave par les flancs du volcan eut cessé, les éruptions de matières détachées du sommet commencèrent, et durèrent pendant plusieurs jours sans interruption. On voyait à chaque instant sortir de la bouche du cratère une masse si démesurée de pierres et de matières terreuses, qu'elle en remplissait tout l'espace, bien qu'il eût un mille de circonférence; elle s'élevait à une grande hauteur, et, s'écartant en l'air, elle formait une autre montagne qui paraissait plus grande que celle d'où elle sortait.

Cependant les explosions de matières incohérentes sont quelquefois isolées et forment une seule grande éruption : au lieu de se succéder les unes aux autres, on voit une colonne immense et d'un diamètre égal à celui de la bouche du volcan, se soulever en l'air, s'élever à une grande élévation, et se dilater ensuite par son sommet en prenant la forme d'un pin, forme si bien décrite par Pline le jeune, dans sa lettre à Tacite sur la mort de son oncle Pline le Naturaliste. Braccini dit, dans sa relation de l'éruption du *Vésuve* de 1631, que la hauteur de la colonne qui sortait du cratère, prise de Naples avec un quart de cercle, dépassait trente milles. Cette mesure paraît un peu exagérée. (Breislack.)

Cette colonne, parvenue à sa plus grande hauteur, ne tarde pas à se diviser et à former une pluie de pierres et de cendres, qui occasionnent des ravages terribles aux environs des volcans. La quantité de matières qui sort d'un volcan, dans ces circonstances, excède tout ce que l'imagination peut se représenter. Quoique le *Vésuve* soit un des plus petits volcans d'Europe, il vomit cependant, dans l'éruption qui eut lieu au temps de Titus, une si grande quantité de matières détachées, qu'elles suffirent pour ensevelir *Pompeïa*, *Herculanum* et *Stabia*, trois villes au S. O. du *Vésuve*, sous un amas de plus de cinquante pieds, que recouvrit ensuite un lit de laves de plusieurs pieds de profondeur.

Dans l'éruption du 22 octobre 1822, qui a été la plus forte depuis celle de 1794, il y eut dans les environs du volcan jusqu'à huit pieds de cendres et de rapilli. Les toits des maisons ressortirent seuls des cendres, dans les hameaux de *Somma* et d'*Ottajano*. L'eau, en dissolvant les parties calcaires, cimenta les sables volcaniques. Quatre mille habitants perdirent leur demeure par suite de ce terrible évènement. (Voyez : *sur l'Eruption du Vésuve*, du 22 octobre 1822, par M. C. Schnetzer; *Wien. Zeit.*, mai 1823, p. 529. Voir aussi *Geist der Zeit*, juillet 1823, p. 113).

Quelle doit être, d'après cela, la grandeur des éruptions des volcans du nouveau continent ! C'est en contemplant des effets aussi gigantesques que l'homme doit être effrayé de la toute-puissance de celui qui a tout animé de son souffle créateur, et que, par un retour sur lui-même, il doit sourire de son orgueil et de sa vanité !

§ IV. *Dégagement de gaz et de vapeurs.*

Les fluides gazéiformes qui se dégagent du cratère des volcans, à toutes les époques de l'éruption, mais principalement avant et après le paroxisme, sont de diverse nature. La vapeur d'eau en fait la majeure partie. Les gaz sulfureux, hydrochlorique, carbonique, hydrosulfurique (plus rarement), s'y trouvent en plus ou moins grande quantité ; mais ils ne se rencontrent pas toujours ensemble dans les mêmes localités ; ainsi l'acide hydrochlorique est

très abondant au *Vésuve* , l'acide sulfureux à l'*Etna* , tandis
que l'inverse n'a pas lieu. L'acide carbonique se dégage
plutôt au pied des volcans que du sommet , et plutôt après
que pendant les éruptions.

Ces gaz , seuls ou réunis , mais surtout la vapeur
aqueuse , entremêlés ordinairement de matières pulvérulentes , constituent donc ces nuages noirâtres qui s'élèvent
par bouffées au-dessus des ouvertures cratériformes , et qui
ressemblent assez à de la fumée. Quelquefois , sillonnés
par les éclairs ou éclairés par la réverbération des matières
incandescentes qui remplissent l'entonnoir , ces nuages
paraissent être de loin des masses de flammes qui sortent
de l'intérieur de la montagne. Quelques observateurs prétendent qu'il ne se dégage jamais de véritables flammes
des cratères en travail : cependant cette opinion ne paraît
pas fondée , car il n'est pas probable que tous les naturalistes qui ont vu des éruptions se soient trompés
unanimement à l'égard d'un phénomène d'ailleurs si facile
à constater. Presque toutes les relations , en effet , parlent
de gerbes de flammes précédant habituellement la sortie
des matières solides et pulvérulentes , ou l'accompagnant.
Plusieurs auteurs assurent même avoir vu des flammes
sortir de la terre là où ne se trouvait aucune bouche
volcanique. C'est ce qui eut lieu à *Cumana* , le 14 décembre 1797 , sur les bords du *Rio-Manzanarès* ; près
de *Mariquita* , dans le golfe de *Cariaco* ; aux environs
de *Naples* , pendant le tremblement de terre qui arriva
le 26 juillet 1805 ; aux roches d'*Alvedras* , pendant le
fameux tremblement qui ruina *Lisbonne* , etc. , etc. C'est
ce qui eut lieu également, en 1825, dans l'île de *Lanzerote*.
Voici ce que rapporte le docteur Brandes à ce sujet.

A la suite d'un tremblement de terre et de bruits souterrains qui durèrent deux jours , le 31 juillet , à sept
heures du matin , la terre s'ouvrit à une lieue de la capitale
à l'ouest , entre *Tao* et *Tia-Agua* , et à une demi-lieue

du mont *Francia*. De ce gouffre sortirent des flammes
et une si grande quantité de pierres, qu'en vingt-quatre
heures une montagne en fut formée. L'éruption fut dans
sa plus grande violence pendant la nuit, et toute l'île
en fut éclairée. Le premier août, à dix heures du matin, le
feu cessa, et on vit beaucoup de fumée qui formait, le deux,
trois colonnes de différentes couleurs, l'une blanche,
l'autre noire et la troisième rouge. Cette dernière sortait
isolément, à quelque distance des autres. Plusieurs citernes
séchèrent. Le 4 août, il y eut encore de la fumée; et,
le 22, à sept heures du matin, le volcan rejeta beaucoup
d'eau, qui continua à couler encore pendant plusieurs jours.
La lave rejetée couvrit un espace d'une demi-lieue de long
et de trois quarts de lieue de large. Il n'y eut pas de courant
de lave proprement dit. Ces laves sont poreuses ou pesantes,
ou même ponceuses, et elles sont couvertes de sel ammoniac
mêlé d'un peu d'acide arsenique, de magnésie et de deux
autres sels de sélénium et d'hydriodine. (*Journ. für Chemie
und Physik*, de Schweigger, v. 15, cah. 2, p. 225, 1825.)

PHÉNOMÈNES LOCAUX.

Je viens de passer en revue les phénomènes qui se
présentent généralement pendant les éruptions des volcans.
Il en est d'autres qui, moins constants, ne se montrent que
dans telle ou telle localité. Je vais en dire quelques mots.

§ V, VI, VII, VIII.

De ce nombre sont tous les changements qui ont lieu
dans la forme du sol aux environs des montagnes brûlantes. Tantôt des portions de terrain s'élèvent subitement
au-dessus de la surface de la terre. Ainsi, dans la province de *Valladolid* (Mexique), le 29 septembre 1759,
une plaine de quatre lieues carrées fut élevée en forme

de vessie ; la convexité du sol est , en quelques endroits,
de cent cinquante-six mètres, dans d'autres de cent quatre-vingts. (Humboldt.) Pendant le tremblement de terre
arrivé le 24 mai 1750, dans les Pyrénées , un rocher
entouré de terre et peu élevé fut lancé à plusieurs
pas, et l'espace en fut comblé par le sol qui s'éleva à sa
place.

Tantôt des roches ou des îles entières apparaissent au-
dessus des eaux de la mer ; j'ai déjà parlé de ce singulier phénomène dans le chapitre précédent. D'autres fois
le sol se déchire violemment, et des crevasses plus ou
moins larges le sillonnent de tous côtés. Ces fentes et
ces crevasses sont surtout produites à la suite des tremblements de terre. Pendant celui qui dévasta *Messine*,
le 5 février 1783, la terre se fendit depuis l'entrée du
détroit jusqu'à la ville ; des fentes semblables furent re-
marquées pendant les commotions souterraines qui rui-
nèrent *Lisbonne*, *Caraccas*, *Lima*, *Cumana*, etc.

Souvent encore, quand les tremblements sont les plus
violents, de véritables gouffres se forment et des portions
plus ou moins considérables de terrain sont englouties subitement. Ainsi, en 1692, la plus haute montagne de la *Ja-
maïque* s'écroula, et fut remplacée par un lac ; le Môle,
près de *Messine*, fut englouti, en 1783, au rapport de
Spallanzani. Dans l'île de *Java*, à la suite d'une éruption
violente du *Papandayan* et d'un tremblement de terre,
entre le 11 et le 12 août 1772 , le volcan tout entier
disparut dans les entrailles de la terre , après la formation
d'un grand nuage lumineux. On a estimé que le terrain
qui s'engloutit ainsi avait quinze milles de long et six de
large. Quarante villages furent détruits et trois mille hommes
périrent dans cette catastrophe. Je pourrais multiplier à
l'infini de pareils exemples.

§ IX.

D'autres phénomènes, moins grands et surtout moins désastreux, se font remarquer à l'égard des cours d'eau qui se trouvent dans les contrées voisines des montagnes ignivômes, ou dans celles qui sont remuées par des commotions souterraines. On observe des changements dans la position des sources ; les rivières se dessèchent souvent ; quelquefois leurs eaux deviennent bouillantes ; leur cours s'obstrue ; les eaux minérales s'altèrent ; les eaux douces se troublent ; l'eau des puits change de niveau, et disparaît complètement dans quelques cas. Tous ces phénomènes, précurseurs de troubles violents dans la masse interne du globe, ont été observés dès la plus haute antiquité.

La mer, dont les volcans sont souvent assez voisins, est aussi plus ou moins tourmentée par suite de leurs éruptions. Elle éprouve des oscillations souvent considérables. Dans le tremblement de terre de 1746 qui ruina *Lima*, la mer fut si violemment agitée qu'il y eut des vaisseaux qui du port de *Callao* furent portés à deux lieues dans les terres et ensevelis dans les sables. *Durazzo*, dans l'*Albanie*, fut enseveli subitement, avec ses habitants plongés dans le sommeil, en 1269, à la suite d'un violent tremblement de terre. La mer sortit de son lit et balaya jusqu'à ses décombres. (Lebeau, *Histoire du Bas-Empire*, t. xxii, p. 324.)

§ X.

La grande quantité de vapeurs aqueuses qui s'élèvent des cratères pendant les paroxismes, ne tardent pas à se condenser au milieu de l'atmosphère, et alors elles retombent sur la terre qu'elles inondent. Ces pluies abondantes, rencontrant dans les airs les cendres et les sables vomis par le volcan, les entraînent avec elles et forment

des alluvions instantanées qui descendent de la montagne
sous la forme de torrents de boue. On a donné souvent,
mais à tort, à ces alluvions le nom d'*éruptions boueuses*.
Je vais parler dans un instant des véritables éruptions de
boue, et montrer en quoi elles diffèrent des premières.
En général, l'apparition de la pluie caractérise, sous
toutes les zônes, la cessation d'une éruption. (Voir, pour
plus de détails, le mémoire de Ducarla , sur les *pluies
et les inondations volcaniques, Journ. de Physique*, t. xx.)

§ XI.

Les autres phénomènes météorologiques qui accompagnent les éruptions sont en petit nombre. C'est un fait
bien constaté que la liaison intime qui existe entre les
phénomènes volcaniques et l'état de l'atmosphère. Les
auteurs sont remplis d'une foule de citations à ce sujet.
En voici, au reste, un des exemples les plus frappants.
M. Stark rapporte, dans sa relation de l'éruption du 14
juin 1794, que, le même jour, à *Sienne*, un nuage
venant du sud-est éclata avec bruit, et lança des flammes
et des pierres semblables aux laves du *Vésuve*.

Cependant, le plus habituellement, l'atmosphère reste
calme pendant les éruptions. M. de Buch a vu le baromètre
demeurer fixe pendant une éruption du *Vésuve*. Il n'en est
pas de même des électromètres, qui indiquent constamment
une surabondance d'électricité négative. Aussi, de nombreux éclairs, accompagnés de détonations violentes, se
succèdent-ils rapidement au milieu des colonnes de fumée
et de cendres qui s'élancent des cratères, et augmentent-
ils l'effroi qu'inspire ce spectacle à la fois terrible et majestueux. Quant au thermomètre, il indique, comme on
doit bien le supposer, un accroissement plus ou moins
considérable de température, tant dans l'atmosphère que
dans le sol des environs.

§ XII.

J'ai parlé un peu plus haut d'*éruptions boueuses*. Presque toutes les descriptions d'éruptions volcaniques signalent de pareils phénomènes. Mais, pendant long-temps, on a confondu sous ce nom et les matières boueuses rejetées directement par les cratères, et les pluies mêlées de cendres qui ne proviennent que de la condensation des vapeurs élevées au-dessus de ces ouvertures.

Il est certain que beaucoup de volcans rejettent, par les bords du cratère et par des crevasses, une matière demi-liquide dont la quantité est souvent prodigieuse. Ces éruptions fangeuses sont rares en Europe, mais communes dans les volcans d'Amérique, suivant le savant M. de Humboldt. Les éruptions de ces volcans se bornent même à ces sortes de matières, car il n'y a pas de souvenir qu'ils aient jeté des laves ; ce qui provient, sans aucun doute, de leur grande élévation, qui surpasse cinq fois celle du *Vésuve*, et de leur situation peu isolée. On conçoit, en effet, que si le feu de ces volcans se trouve à de grandes profondeurs, malgré leur grande intensité de force, la lave fondue ne peut être soulevée jusqu'aux bords du cratère, ni rompre le flanc de ces montagnes, qui se trouvent renforcées par les plates-formes qui les environnent jusqu'à quatorze cents toises de hauteur. Il semble donc naturel que des volcans si élevés ne vomissent par leur bouche que des pierres isolées, des cendres, des flammes, de l'eau bouillante, de l'argile carburée et imprégnée de soufre, etc. (1)

---

(1) Plusieurs volcans du *Japon* ont des éruptions analogues à ceux de l'Amérique méridionale. Le 18 janvier 1793, à 5 heures 6 minutes, toute la cime du mont *Unsen*, dans le district de *Djozon* et *Gamba-Kori*, s'écroula, et il en sortit des torrents

Les éruptions boueuses sont donc dues à des matières pulvérisées et imprégnées d'eau dans l'intérieur des volcans, puis ensuite comprimées par des gaz, et lancées au dehors par leur expansion. Quelquefois ces éruptions ne sortent pas de la bouche même, mais sont occasionnées accidentellement par la fonte des neiges qui entourent la cime des montagnes les plus hautes. C'est ainsi, par exemple, que, dans les *Andes*, où la cime des volcans dépasse presque toujours la région des neiges ou atteint à une hauteur double de celle de l'*Etna*, les vastes glacières qui se forment sur leur revers et même près de leur sommet, dans les intervalles de repos, se fondent lorsque les volcans commencent à agir, coulent alors vers les régions inférieures, et produisent des inondations fréquentes et désastreuses. C'est aussi ce qui arrive aux volcans de l'*Islande*, mais dans une proportion bien plus faible. Mais, le plus habituellement, les éruptions aqueuses sont dues aux lacs souterrains qui se forment dans de vastes cavités placées tantôt sur la pente, tantôt au pied des volcans, et dont les eaux communiquent de plusieurs manières avec l'intérieur de ces montagnes.

Quand les commotions terrestres qui précèdent toutes les éruptions ignées dans la chaîne des *Andes*, ont ébranlé fortement toute la masse des volcans, alors les gouffres souter-

---

d'eau bouillante pendant plusieurs jours. Le 1ᵉʳ avril, après un tremblement de terre effroyable, le mont *Illigigama*, dans l'île de *Kiou-Siou*, vomit d'abord une énorme quantité de rochers dans la mer, ce qui fut suivi d'une inondation, et ensuite il sortit de la montagne un torrent d'eau qui fit périr environ 53,000 ames. Les autres volcans connus du Japon (l'*Asamga-Daki* et le *Bivono-Koubi*, dans l'île de *Nifon*), ont des éruptions analogues aux volcans d'Europe, si ce n'est qu'ils rejettent aussi beaucoup de boue. (*Relations sur le Japon*, par Titsingh, trad. en anglais par F. Shoberl, sous le titre *Illustrat. of Japon*; Londres, 1822. — Voyez aussi *Ann. of Philosoph.*; décembre 1826, p. 442).

rains s'entr'ouvent, et il en sort en même temps de l'eau, du tuf argileux, et, ce qui surprend davantage l'imagination, une quantité innombrable de poissons. C'est ce qui arriva, dans la nuit du 19 au 20 juin 1798, lorsque la cime du *Carguaraizo*, montagne haute de dix-huit mille pieds, au nord du *Chimborazo*, s'écroula : toutes les campagnes environnantes, dans un rayon de deux lieues carrées, furent couvertes de boue et de poissons. Sept ans auparavant, une fièvre pernicieuse qui désola la ville d'*Iburra* avait été attribuée à une semblable éruption de poissons du volcan d'*Imbaburù*.

Le *Cotopaxi*, le *Tanguralua* et le *Sangay*, vomissent également des poissons, quelquefois par le cratère qui est au sommet de ces montagnes, quelquefois par les fentes latérales, mais toujours à deux mille cinq cents ou deux mille six cents toises de hauteur au-dessus du niveau de la mer. Les plaines circonvoisines ayant presque treize cents toises d'élévation, on peut conclure que ces animaux sortent d'un point qui est treize cents fois plus élevé que les plaines sur lesquelles ils sont jetés. Quelques indiens assurent que le poisson vomi par ces volcans descend encore vivant le long du revers de la montagne ; mais, ce qu'il y a de certain, c'est que, parmi la prodigieuse quantité de poissons que rejette le *Cotopaxi*, avec des torrents d'eau douce et froide, il y en a très peu qui soient assez dé-figurés pour faire croire qu'ils aient été exposés à l'action d'une forte chaleur : ce qui est très singulier, si l'on fait atten-tion à la mollesse de la chair de ces animaux et à la fumée très dense que le volcan exhale en même temps.

Ces diverses circonstances vont nous servir à trouver la source de l'eau vomie par les volcans dont il vient d'être question. Je l'ai déjà fait connaître plus haut, en l'attribuant à des lacs souterrains placés dans les diverses parties de ces montagnes. Pendant l'intervalle qui sépare chaque éruption, (et cet intervalle est souvent de plus d'un siècle), le cratère de ces volcans se ferme, de manière que le fond offre bientôt une véritable plaine, comme cela se présente ordinairement au *Vésuve* et sur presque tous les volcans plus rapprochés de nos observations. Cette plaine se convertit peu de temps après en un lac, et cela d'autant plus facilement que, loin d'être, comme nos volcans d'Europe, de petites montagnes isolées, ces volcans forment une chaîne non interrompue, de sorte que, non seulement les eaux pluviales peuvent se rassembler dans la profonde cavité des cratères restée froide, mais encore que les autres, provenant de réceptacles éloignés, peuvent y arriver par des canaux souterrains. Les poissons qui se trouvent dans ces réceptacles suivent les eaux dans ce nouveau lac, et s'y multiplient. Lorsque ces volcans s'enflamment, ou qu'il se manifeste quelque mouvement intestin dans leurs entrailles, le premier effet qui en résulte nécessairement, c'est la rupture, le soulèvement de la voûte qui ferme le cratère, et la projection au loin de toutes les matières qui forment cette voûte ; la première de toutes qui est alors vomie par le volcan, est l'eau du lac placé immédiatement au-dessus du lieu d'où part l'éruption.

Les poissons vomis par les volcans d'Amérique, dans leurs grandes éruptions périodiques et assez rares, sont identiques à ceux que l'on trouve dans les ruisseaux au pied de ces mêmes volcans, et que les habitants du pays appellent *prennadillas*. C'est la seule espèce de poissons qu'on trouve dans les eaux de *Quito*, à quatorze cents toises d'élévation ; elle appartient au genre *Silurus*, et a reçu des naturalistes le nom de *Pimelodes cyclopum*.

Ces éruptions boueuses ne se font pas seulement, suivant M. de Humboldt, par les cratères et les fentes latérales des volcans ; elles ont souvent lieu aussi par des crevasses de la terre, à la suite de violents tremblements. Ainsi, dans les *Andes de Quito*, le 4 février 1797, un rocher de trachyte s'entr'ouvrit, dans les environs de *Péliléo*, et les couvrit d'une masse boueuse, nommée *moya* par les naturels, qui sortit en même temps de terre près de *Rio-Bamba*, et y forma des collines coniques. Ce moya, qui détruisit alors le village de *Pélileo*, sortit du rocher à la hauteur de quatre cents mètres. Pendant le tremblement de terre de *Cumana*, du 14 septembre 1797, plusieurs crevasses lancèrent de l'eau et du bitume. Dans une plaine qui s'étend vers *Cassany*, à deux lieues au sud de *Cariaco*, la terre s'entr'ouvrit et lança de ses crevasses de l'eau chargée d'acide sulfurique. Pendant le tremblement de terre de *Caraccas*, la terre se fractura près de *Valicillo*, à quelques lieues de *Valence*, et lança une si grande quantité d'eau, qu'il s'en forma un nouveau fleuve. On observa le même phénomène à *Porto-Cabello*. A l'ouest de la *Sierra de Meapire*, du bitume fut lancé d'un terrain creux, pendant les commotions souterraines qui dévastèrent *Cumana*.

Après avoir décrit séparément les différents phénomènes que présentent les volcans au moment de leurs éruptions, il reste à indiquer d'une manière générale l'ordre dans lequel ils se succèdent, au moins dans le plus grand nombre des cas. Je pourrais, pour donner plus de charmes à cette partie de mon travail, rapporter textuellement la description d'une éruption, faite par un naturaliste témoin oculaire du fait, et par conséquent empreinte de l'enthousiasme et de l'admiration qu'un pareil spectacle devait lui inspirer. Mais, entraîné déjà au-delà des bornes d'un simple mémoire, je dois me contenter d'exposer en peu de mots les différentes phases d'une éruption ordinaire.

Les premiers indices d'une crise volcanique sont toujours ou presque toujours des bruits souterrains qui se propagent à plus ou moins de distance, et l'augmentation de la fumée qui s'exhale habituellement du cratère. Des tremblements de terre se font sentir ; en même temps, tous les accidents qu'ils entraînent à leur suite arrivent isolément ou simultanément, comme des changements dans la forme du sol, dans les cours d'eau, le tarissement des puits et des sources, l'agitation plus ou moins forte de la mer, etc. Les caves des environs et autres lieux enfoncés sous le sol se remplissent d'acide carbonique. Quelquefois il se répand dans les alentours une odeur de bitume, ce qui avait fait penser que les phénomènes volcaniques étaient dûs à l'inflammation de ce combustible; ce qui n'est rien moins que fondé, comme je le montrerai dans le chapitre suivant. L'atmosphère devient agitée et le théâtre de nombreux phénomènes électriques. La fumée qui sort de la cheminée redouble, s'épaissit; tantôt elle s'élève dans les airs, sous la forme d'une immense colonne, tantôt elle se dissipe au loin, et forme des nuages épais qui obscurcissent le jour. Le cratère commence alors à vomir des cendres embrasées, qui apparaissent, au milieu des vapeurs, comme des jets de flammes. Des pluies abondantes, en balayant l'atmosphère, entraînent ces matières pulvérulentes, et constituent des courants de boue qui inondent les flancs de la montagne. Les éclairs traversent à chaque instant la colonne pyramidale, et les éclats de la foudre retentissent au loin. Il se fait alors ces déjections de pierres et de masses scoriformes en fusion, qui, lancées sans interruption du cratère avec une violence extraordinaire et une explosion très forte, apparaissent comme d'immenses gerbes d'artifice, qui, après s'être épanouies à leur sommet, disparaissent tout-à-coup en produisant des pluies de pierres et de scories, qui retombent tout autour du soupirail enflammé qui les a vomies. Les commotions souterraines ne cessent de se faire sentir ; un moment elles redoublent : c'est alors que la lave s'échappe comme avec effort des entrailles de la terre, et s'épanche, comme une mer de feu, sur le penchant du cône volcanique. Le courant grandit, accélère sa marche, entraîne tout ce qui se trouve sur son passage, surmonte les obstacles et les inégalités du sol, arrive bientôt au bas de la montagne, et continue, mais avec moins de vitesse , son cours dévastateur au milieu de la plaine , qu'il couvre bientôt de ses ondes brûlantes. Malheur alors aux imprudents qui , oubliant les leçons du passé, et trop confiants dans la longue et trompeuse tranquillité de la montagne ignivôme , ont fixé leur demeure aux environs , attirés par la fertilité d'une terre sans cesse renouvelée ! Toutes les fatigues , toutes les peines d'une longue suite d'années s'évanouissent en quelques instants : champs , troupeaux , habitations , tout disparaît pour jamais sous les torrents de feu qui s'écoulent incessamment de la fournaise ardente , tout devient la proie d'un fléau d'autant plus redoutable que rien ne peut s'opposer à ses effets. Mais , comme si le feu n'apportait pas assez de malheurs à sa suite , des inondations terribles d'eau et de boue viennent encore ajouter à la désolation générale. On dirait que tous les éléments sont conjurés pour détruire en un jour une terre si peu favorisée de la nature ! Peu à peu , cependant, l'éruption des matières fondues ou liquides diminue; une nouvelle nuée de cailloux et de cendres annonce la fin prochaine du paroxisme ; les secousses internes, les bruits , les explosions s'affaiblissent graduellement, les flammes s'éteignent , tout semble rentrer dans le calme. Des jets de vapeurs corrosives, qui continuent à sortir de la bouche volcanique et des fissures de la montagne , sont les seuls phénomènes qui persistent , comme pour annoncer que l'agitation intérieure survit à cette tranquillité apparente du dehors. (1)

---

(1) Virgile , ce poëte amant de la nature , et qui l'a si bien observée , résume en quelques vers riches d'harmonie tous les détails d'une éruption :

> Interea fessos ventus cum sole reliquit ;
> Ignarique viæ , Cyclopum allabimur oris.
> Portus ab accessu ventorum immotus , et ingens

J'ai dit plus haut que les éruptions volcaniques avaient lieu, en général, à des époques indéterminées. Quelques volcans restent quelquefois des siècles entiers sans donner aucun signe d'action, puis se réveillent et ont des éruptions très multipliées dans l'espace de quelques années seulement. Suivant M. de Humboldt, les éruptions sont d'autant plus rares que les volcans sont plus élevés. Le plus petit d'entre eux, le *Stromboli*, est dans une continuelle activité ; son cratère est toujours rempli d'une lave en fusion, qui se tuméfie, s'élève jusqu'aux bords en forme de cloche, fait une explosion bruyante, et lance dans les airs une partie de la matière fondue, de la fumée et des cendres. Peu à peu la lave s'affaisse et redescend, pour remonter, comme auparavant, après un demi-quart d'heure d'intervalle. Les éruptions du *Vésuve* sont fréquentes ; celles de l'*Etna* sont plus rares ; celles du *Pic de Ténériffe* le sont encore davantage. Les cimes colossales des *Andes*, le *Tangurahua*, le *Cotopaxi*, le *Sangay*, etc., offrent à peine une éruption dans l'espace d'un siècle. (*Relation historique du Voyage*, etc., t. 1.)

Beaucoup de volcans brûlent depuis un temps immémorial, en conservant toujours la même énergie. Le *Vésuve* et l'*Etna* ont eu des éruptions dans les temps les plus reculés. Il paraît qu'avant l'ère chrétienne le *Vésuve* avait été long-temps en repos ; mais l'on conservait la mémoire de ses anciens embrasements, car Vitruve (liv. II, ch. VI),

---

Ipse ; sed horrificis juxtà tonat Ætna ruinis,
Interdumque atram prorumpit ad æthera nubem,
Turbine fumantem piceo, et candente favillà
Attollitque globos flammarum, et sidera lambit :
Interdum scopulos avulsaque viscera montis
Erigit eructans, liquefactaque saxa sub auras
Cum gemitu glomerat, fundoque exæstuat imo.
(Enéide, liv. III.)

Diodore de Sicile (liv. v , ch. xxi), Strabon (liv. v.), Silius Italicus, Valerius Flaccus, etc., parlent du *Vésuve* comme ayant jeté des flammes à des époques inconnues pour eux. On regarde communément comme la plus ancienne de ses éruptions connues celle qui arriva le 24 août de l'année 79 de l'ère chrétienne, deux mois après la mort de Vespasien, celle enfin qui fut cause de la mort de Pline le Naturaliste, et qui ensevelit le même jour *Herculanum*, *Pompeïa* et *Stabia* sous un déluge de cendres (1).

(1) On a commencé à découvrir les restes d'*Herculanum* en 1738, et ceux de *Pompeïa* en 1748. En 1821, il n'y avait encore que le quart de cette dernière ville qui fût déblayé, et cet ouvrage occupait alors quatre-vingts à quatre-vingt-dix personnes. Depuis, les fouilles ont été continuées avec beaucoup de zèle.

On croit généralement que l'éruption boueuse et la pluie de cendres qui ont couvert *Pompeïa*, ne l'engloutirent point d'abord ; que ses habitants n'y furent point ensevelis ; qu'ils eurent le temps de sauver les objets précieux qu'ils possédaient, où qu'ils revinrent après la catastrophe pour enlever leurs richesses. La plus basse des couches qui la recouvre, et qui paraît avoir été remuée, le petit nombre de squelettes et le peu d'argent monnayé qu'on y a retrouvés, serviraient de preuves à cette assertion. Huit couches de déjections volcaniques se succèdent : diverses éruptions ont donc, à plusieurs reprises, suivi la même direction. On ne voit point de lave parmi ces produits du feu, mais seulement des scories et des ponces. On peut se promener dans les rues de *Pompeïa* et pénétrer dans ses maisons : on suit encore la route garnie de larges trottoirs et bordée de tombeaux. La trace antique des chars sur la chaussée, pavée de larges dalles en lave, conduit à la porte de la ville. Ses murailles sont debout ; quelques caractères gravés sur les pierres ont fait reconnaître qu'elles ont été bâties par les *Osques*, longtemps avant la fondation de Rome. Les casernes, parfaitement conservées, portent sur leurs murs des dessins incorrects, fruits du désœuvrement des soldats romains. Deux théâtres, un amphithéâtre, et la plupart des maisons de cette ville, sont maintenant à découvert. On y voit que l'usage des anciens était d'écrire au-dessus de la porte de la maison les noms des personnes qui l'habitaient. (Voir, pour plus de détails, le *Voyage en Italie et en Sicile*, par M. Simon, t. ii, p. 107.

Cette montagne était alors couverte d'arbres jusqu'à son sommet. Depuis cette époque jusqu'en 1822, on compte environ trente-quatre éruptions. Les premiers embrasements connus du *Vésuve* ne produisirent que des flammes, des cendres et des scories incohérentes ; ce fut dans l'éruption de 1037 qu'il en sortit de la lave pour la première fois, et c'est sur ce courant de laves qu'est bâti le château royal de *Portici*.

Les éruptions varient beaucoup, quant à leur durée. Tantôt elles ne durent que quelques minutes, et sont alors très fréquentes : telles sont les éruptions de cendres et de rapilli qui ont lieu au *Vésuve* et à l'*Etna* ; telles sont celles de fumée et de cendres qui ont lieu presque continuellement à *Vulcano* et *Vulcanello*. D'autres fois elles durent quelques heures, comme celle de l'*Awatscha (Kamtschatka)*, en 1737, qui continua pendant vingt-quatre heures. Plus habituellement, elles persistent pendant plusieurs jours (*Vésuve*, *Etna*, etc.), ou pendant plusieurs mois (*Pic de Ténériffe*). Plus rarement elles se continuent pendant des années entières (*Cotopaxi*, *Gunung-Api* dans les *Moluques*, volcans de l'*Islande*, etc.)

Le plus généralement après les grandes éruptions, la montagne ne fait plus qu'émettre un dégagement très lent et paisible de vapeurs peu abondantes, mais corrosives. Ces vapeurs, qui sortent en différents endroits du cône, s'observent aussi dans les volcans qui sont depuis long-temps en repos ou qui s'éteignent tout-à-fait. C'est ce qu'on appelle *solfatare* ou *fumerole*. Les *Champs Phlégréens*, sur la côte de *Pouzzole*, dans le royaume de *Naples*, où l'on voit les restes d'un ancien volcan ayant actuellement l'aspect d'une plaine, présentent des milliers de ces fumeroles. En général, ces vapeurs sont très composées, puisqu'on y trouve de l'eau, du gaz sulfureux, de l'acide hydrochlorique, de l'acide sulfurique, du soufre probablement dissous d'abord par l'hydrogène et à l'état d'hydrogène sulfuré, qui a été décomposé ensuite par l'acide sulfureux, etc. Sur le sol où se fait le dégagement de ces vapeurs, et dans les fissures des roches qui composent les parois du cratère, on trouve ordinairement de petits dépôts de sel marin, d'alun, de sel ammoniac, de chlorure de cuivre, d'acide borique, de borate d'ammoniaque, du sulfure rouge d'arsenic, de métaux sublimés, etc. On remarque aux environs des sources bouillantes.

Dans l'intervalle qui sépare chaque éruption, on pourrait croire qu'à l'exception des *fumeroles*, les volcans ne présentent plus aucun phénomène remarquable. Mais, pendant ce calme apparent, les parties extérieures les plus près de la bouche ignivôme ne restent pas dans l'inertie. Elles présentent un vaste laboratoire où les substances volcaniques exercent leur affinité sous l'influence d'une température plus ou moins élevée, et comme la chaleur, tout en s'abaissant graduellement chaque année, se conserve pendant fort long-temps, c'est dans les mêmes proportions que les phénomènes chimiques se perpétuent et diminuent.

Nulle part les produits nouvellement formés ne sont plus abondants et plus variés que dans les volcans et les solfatares. Il ne paraîtra pas surprenant, en effet, qu'au milieu de ces masses minérales portées à une température élevée, et dont la plupart même ont été fondues, les affinités chimiques soient mises en jeu, que les éléments primitifs ou les composés qui résultent de leurs combinaisons éprouvent de nouvelles transmutations, et donnent naissance à des produits étrangers aux autres terrains, ou à des substances déjà connues, mais dont la place géognostique ordinaire est toute différente de celle où elles se forment. Les gaz, les vapeurs qui s'échappent sans cesse des cratères en activité, réagissent à leur tour sur les roches qui avoisinent ces bouches, et produisent encore des substances propres à ces lieux, et dont les caractères dénotent l'origine ignée.

Le soufre, qu'on regarde souvent comme une production immédiate de ces grandes opérations, mais qui n'est peut-être réellement que dégagé par sublimation des roches qui le renfermaient, y est continuellement en combustion, et donne naissance aux acides sulfureux et sulfurique, dont le premier, surtout, se dégage en abondance. Ces acides, souvent perdus dans l'atmosphère, se trouvent aussi en solution dans les eaux voisines des volcans ou qui se rassemblent dans les anfractuosités des laves, comme on l'observe dans les grottes du *Vésuve* et de l'*Etna*, au volcan de *Puracé* dans le *Popayan*, où le cratère offre un petit lac nommé *Rio-Vinagre* (1), au *Mont-Idienne*, à *Java*, où l'on observe également un lac dont les eaux sont acides (2), etc. Ils agissent aussi sur les roches environnantes, et produisent des sulfates de chaux, d'alumine, de potasse, de soude, de fer, de manganèse, etc., (principalement à la soufrière de la *Guadeloupe*, à *Pouzzole* près de *Naples*, etc.), qui, réagissant aussi les uns sur les autres, forment différentes espèces d'alun à bases isomorphes, des dépôts d'alunite, etc.

L'acide hydrochlorique qui se dégage souvent aussi en abondance des volcans, comme au *Vésuve*, se répand dans l'atmosphère, se dissout dans les eaux, ou reste concentré dans certaines roches que probablement il a commencé par attaquer; tel est le *domite* du *Puy de Sarcouy*, en Auvergne. Il donne lieu, en outre, à

---

(1) Les eaux du *Rio-Vinagre* contiennent, suivant M. Rivero, 1 gr. 080 d'acide sulfurique, et 0 gr. 184 d'acide hydrochlorique par litre ; elles renferment en outre un peu d'alumine, de chaux, et quelques indices de fer.

(2) Les eaux du lac du *Mont-Idienne*, rapportées par M. Leschenaud, contiennent beaucoup d'acide sulfurique, un peu de sulfate d'alumine, de sulfate de soude et d'acide hydrochlorique.

la formation des chlorures, toujours très répandus aux environs des cratères, tels que ceux de cuivre, de fer, de sodium et de potassium, qui se trouvent, les uns dans les cavités des laves, les autres dans les eaux qui ruissellent entre leurs interstices.

Les autres substances propres à ces lieux sont surtout des sels ammoniacaux (1), un grand nombre de sulfures métalliques, parmi lesquels on compte ceux de plomb et de cui-

---

(1) Le sel ammoniac (hydrochlorate) n'existe à l'état natif dans aucun terrain, si ce n'est dans les volcans brûlants et les solfatares. On l'a plus particulièrement observé au *Vésuve* et à l'*Etna*, où, par son abondance, il est devenu, à diverses époques, un objet d'exploitation et de commerce. Exhalé des cratères et des courants de lave, avec beaucoup d'autres matières gazeuses, une partie se dissipe promptement dans l'air; une autre se condense à la surface des scories et dans leurs fissures; mais comme ce sel est très soluble, la moindre pluie suffit pour l'entraîner. On ne peut recueillir ses efflorescences, ou même constater sa présence, que lorsque les éruptions se font par un beau temps ou lorsqu'elles ne sont point accompagnées d'averses trop fréquentes. Suivant Correra, la lave vomie en 1635 par l'*Etna* a fourni des chargements considérables de ce sel. Boccone et Borelli, témoins de la fameuse éruption de 1669, font mention de la prodigieuse quantité de sel ammoniac qui en est résulté, et de son embarquement pour différents ports d'Italie. Ferrara rapporte que la lave de 1763 en a produit fort abondamment; qu'il en a été recueilli plus de 1000 livres sur celle de 1780; que la lave de 1792 en a donné quelque peu, malgré les pluies qui ont accompagné son refroidissement, et que celle de 1811 en a assez fourni pour approvisionner amplement les ateliers et les pharmacies de la *Sicile*. — Ce sel n'est pas aussi abondant au *Vésuve*; cependant il s'en exhale dans toutes les éruptions; il en sort continuellement des soupiraux de la solfatare de *Pouzzole*. — Dans la Tartarie centrale, il y a deux volcans brûlants, ou plutôt deux solfatares, qui produisent une si grande quantité de ce sel, que c'est de là que provient tout celui que les Kalmouks portent dans les différentes contrées de l'Asie, et dont ces peuples faisaient autrefois un commerce considérable. (*Ann. des Mines*, t. v, p. 135, 1820; et *Journ. Asiat.*, juillet 1824, p. 44.)

vre découverts tout récemment au *Vésuve* par M. Covelli, le fer oligiste spéculaire, des silicates terreux de tout genre, et surtout l'amphigène, le pyroxène augit, l'amphibole, le mica, le felspath, etc., qui se forment probablement de toutes pièces dans ces grandes opérations de la nature.

Pour donner, d'ailleurs, une idée des nombreuses substances minérales qui se trouvent dans les environs des volcans, soit qu'elles aient été rejetées directement pendant les éruptions, soit qu'elles aient été formées postérieurement par la réaction des gaz et des vapeurs sur les roches environnantes, j'emprunterai à l'*Oryctognosie du Vésuve*, par MM. Monticelli et Covelli (1), la liste des principales espèces minéralogiques qui se trouvent dans les roches laviques du *Vésuve* et dans celles qui, ayant été rejetées par ce volcan, font partie de son ancienne masse ou des débris accumulés au pied de cette masse, nommée la *Somma*, principalement dans le lieu dit *Fossa-Grande*. Cette liste est due à MM. T. Monticelli et E. di N. Covelli.

Soufre.	Sulfure d'arsenic.
Acide sulfureux.	Quarz.
—— sulfurique.	Sulfure de plomb.
—— hydrochlorique.	Chlorure de plomb.
—— boracique.	Cuivre pyriteux.
—— carbonique.	Sulfate de cuivre.
—— hydrosulfurique.	Chlorure de cuivre.
Gaz azote.	Pyrite.
Séléniure de soufre.	Fer oligiste.
Eau.	— oxidulé.

(1) *Prodromo della Mineralogia Vesuviana*, etc. — *Prodrome de la Minéralogie du Vésuve*, par T. Monticelli, secrét. perpét. de l'Acad. royale des sciences de Naples, et N. Covelli, membre associé ordin. de cette Académie; vol. 1 de l'*Oryctognosie*; in-8° de 570 p., orné de 19 pl.; Naples, 1825, Tramater.

Fer oxidulé titanifère.

Sulfate de fer.

Perchlorure de fer.

Sulfates de manganèse.

Chlorures de manganèse.

Zircon.

Sous-sulfate d'alumine.

Néphéline.

Topaze.

Sulfate de magnésie.

Hydrochlorate de magnésie.

Condrodite.

Serpentine.

Péridot.

Talc.

Spinelle.

Sulfate de chaux.

Fluate de chaux.

Calcaires divers.

Dolomie.

Arragonite.

Phosphate de chaux.

Sphène.

Wollastonite.

Amphibole.

Pyroxène.

Épidote.

Thomsonite de Brook.

Stilbite ?

Grenats.

Idocrase.

Gismondine.

Tourmaline ?

Gehlénite.

Mélilite.

Chlorure de sodium.

——— de potassium.

Hydrochlorate d'ammoniaque.

Sulfate de soude.

Sodalite.

Lazulite.

Analcime.

Sulfate de potasse.

Alun.

Amphigène.

Meïonite.

Felspath.

Haüyne.

Mica.

Breislakite.

Humboldtilite.

Zurlite.

Davyne.

Cavolinite ?

Christianiste.

Biotine (1).

Hydrochlorate de Cobalt (d'après Davy).

---

(1) Voyez, pour plus de détails, l'ouvrage cité ; la *Minéralogie des Volcans*, etc., par Faujas de Saint-Fond ; *Mémoire sur les îles Ponces*, et *Catalogue raisonné des produits de l'Etna*, par Dolomieu ; *Voyage aux îles de Lipari*, par le même, etc.

Je ne terminerai pas ce chapitre sans dire que beaucoup de naturalistes ont rangé parmi les phénomènes volcaniques ceux que nous présentent les *Salses*, nommés aussi *volcans d'air*, *volcans vaseux*, *volcans froids*, etc., qui paraissent appartenir aux terrains d'alluvion. Ce sont des dégagements de gaz et d'eau mêlée d'argile, qui se font quelquefois avec une légère détonation, au milieu de mares formées par de l'eau salée qui repose sur une couche argileuse plus ou moins imprégnée de matières bitumineuses. On observe ce phénomène dans diverses parties de l'Italie, le *Modenois*, le *Parmesan*, la *Sicile*, en *Crimée*, en *Islande*, en *Perse*, dans l'*Indostan*, aux environs de *Carthagène* et à la *Trinité* en Amérique, etc. Les gaz qui se dégagent sont un mélange d'hydrogène carboné et d'acide carbonique; quelquefois ils s'enflamment naturellement. Les *feux naturels*, les *terrains ardents*, les *fontaines ardentes*, sont des phénomènes analogues. Il n'est pas encore bien démontré que ces phénomènes, particuliers à quelques localités, aient des rapports intimes avec ceux qui se passent dans les environs des volcans, et dépendent immédiatement de causes analogues à celles qui entretiennent en activité ces vastes fournaises (1).

---

(1) Voir, pour plus de détails à ce sujet, t. 1, p. 131 de mon ouvrage de minéralogie, intitulé : *Eléments de Minéralogie appliquée aux sciences chimiques, ouvrage basé sur la méthode de M. Berzelius*, etc; par MM. Girardin et Lecoq. 2 vol. in-8. Paris, 1826, Thomine.

CHAPITRE V.

EXAMEN CRITIQUE DES DIVERSES THÉORIES QUE L'ON A TOUR-A-TOUR ADMISES POUR EXPLIQUER L'ORIGINE DES PHÉNOMÈNES VOLCANIQUES.

APRÈS avoir présenté, dans les chapitres précédents, une histoire aussi succincte que possible des terrains volcaniques, et fait connaître les phénomènes nombreux qui ont lieu par suite de l'inflammation des montagnes ignivômes, je dois, pour terminer leur étude, m'occuper de la cause qui produit et perpétue des effets aussi surprenants. Cette partie spéculative exerce depuis long-temps la sagacité des savants ; aussi n'y a-t-il pas d'hypothèses qu'on n'ait émises pour expliquer l'origine de ces feux qui dévastent la surface de notre planète. Néanmoins, c'est de tous les points de la science celui qui est le moins avancé, et il est vrai de dire qu'en raison même des difficultés qu'il présente, c'est celui qui restera le plus long-temps sans doute enseveli dans l'obscurité.

Il n'est pas d'idée, si extravagante qu'elle soit, qui n'ait été tour-à-tour proposée à cet égard, et qui n'ait trouvé de chauds partisans pour la défendre. Long-temps l'esprit seul a fait les frais de ces systèmes, qu'un examen plus attentif a bientôt renversés ; long-temps les naturalistes, trompés par leur imagination, se sont écartés de la véritable route qui pût conduire à quelques données certaines : au lieu d'étudier les faits, ils ont voulu remonter à la cause première ; aussi se sont-ils toujours égarés.

Il est curieux, je dirai plus, il est nécessaire d'avoir une idée des opinions de nos devanciers sur le sujet qui nous occupe ; car, tout erronées qu'elles puissent être, elles nous font connaître la marche progressive de la science et la tendance continuelle des esprits à se rapprocher de plus en plus de la vérité. Les hypothèses ont un avantage qu'on ne saurait leur contester, c'est de préparer les esprits à la discussion, de conduire à l'observation des faits, et par conséquent d'amener à des découvertes que peut-être sans elles on serait resté plus long-temps à faire. Le sujet que je vais traiter a donné naissance à une foule d'écrits, d'ouvrages même très volumineux. Je ferai tous mes efforts pour être aussi laconique que possible.

Hypothèse de Lémery.

Une des plus anciennes hypothèses émises relativement à la cause qui produit les éruptions des volcans, est celle de Lémery, célèbre chimiste du siècle dernier. Ce savant avança que les phénomènes volcaniques étaient dûs à la réaction mutuelle du soufre, du fer et de l'eau qui se trouvent dans les entrailles de la terre, et il appuya sa théorie, qui fut adoptée pendant long-temps sans contradiction, sur une expérience très curieuse.

Il introduisait dans un flacon un mélange de fer et de soufre très divisés, réduit en pâte molle avec de l'eau, laissait réagir pendant quelque temps, puis exposait la matière au contact de l'air. Au bout de quelques minutes, elle s'échauffait au point de devenir incandescente. On se rend facilement compte de ce qui se passe dans cette opération. L'eau, le fer et le soufre forment par leur mélange une matière noire et solide, qui n'est que de l'hydrosulfate de protoxide de fer ; il ne se dégage aucun gaz, et la température s'élève considérablement. Refroidi et exposé à l'air, cet hydrosulfate s'empare promptement de l'oxigène de ce fluide, donne lieu à de l'eau, à du peroxide de fer, et rend libre une certaine quantité de soufre. C'est à la rapidité de l'absorption de l'oxigène qu'est due la grande chaleur qui se développe. Lémery pensait que ce mélange joue le plus grand rôle dans les volcans ; aussi le nomma-t-il *volcan artificiel*, nom qu'il porte encore dans les laboratoires.

Cette expérience, qui a fait grand bruit dans le temps, ne représente en aucune manière ce qui se passe dans les éruptions volcaniques. D'abord il faudrait admettre, en adoptant les idées de Lémery, que l'air circule librement dans les abîmes souterrains, puisque la présence de ce fluide est indispensable pour l'inflammation du mélange de soufre, de fer et d'eau ; or, une observation bien simple prouve que l'air ne peut pas pénétrer ainsi dans l'intérieur des volcans. Lorsque les laves dégorgent par les cratères, il faut nécessairement qu'une pression très forte, exercée du dedans au dehors, les élève au-dessus du foyer principal. Cette pression doit être énorme, si l'on considère que les plus petits volcans, le *Vésuve* par exemple, ont plus de mille mètres d'élévation au-dessus du niveau de la mer, et que les laves pèsent environ trois fois plus que l'eau. Une pression de mille mètres de lave (en supposant que le foyer de ces volcans se trouve au niveau de la mer seulement), équivalant à une pression de trois mille mètres d'eau ou à celle d'environ trois cents atmosphères, ne permet pas assurément l'entrée de l'air dans l'intérieur des cratères. D'ailleurs, si cette introduction de l'air avait lieu, il serait impossible de concevoir et les tremblements de terre et l'ascension des laves.

La formation des laves et leur sortie hors des cratères ne peuvent pas s'expliquer d'après cette hypothèse. En effet, la chaleur produite par l'inflammation du mélange combustible est loin d'être assez forte pour faire entrer en fusion des matières aussi réfractaires que celles qui composent les laves, et au surplus, une fois le mélange enflammé, dès que le gaz hydrogène résultant de la décomposition de l'eau par le soufre sera parvenu à se faire jour à la surface du sol, l'éruption ne consistera plus que dans la continuation du dégagement de ce gaz, de la vapeur d'eau et de l'acide sulfureux. Ces fluides aériformes n'auront certes pas assez de puissance pour soulever des masses aussi énormes de matières solides (telles que ponces, scories, rapilli, cendres, etc.) et de laves, que celles qui sortent de la bouche des volcans en activité.

Si le soufre était un des principes nécessaires à la production des éruptions, il devrait se trouver en masses considérables dans certaines couches de la terre, et là surtout où ces phénomènes volcaniques se manifestent; en outre, parmi les produits des éruptions, on devrait rencontrer beaucoup de composés dans lesquels ce corps combustible est un des éléments constituants. Ni l'une ni l'autre de ces conditions ne se trouve remplie.

Une dernière objection, (et ce n'est pas la moins forte), consiste dans l'identité des laves rejetées par les volcans les plus éloignés, comme par ceux qui ont brûlé aux époques les plus reculées. Si ces matières n'étaient que le résultat de la fusion des substances minérales qui existent près du foyer allumé, elles devraient différer les unes des autres comme la nature des terrains où se trouve ce foyer, car, dans les idées de Lémery, l'inflammation d'un volcan est un phénomène local et indépendant. On voit que tout se réunit pour renverser de fond en comble cette théorie, qui est toute spécieuse.

Hypothèse des géologues du 18e siècle.

Vers le milieu du siècle dernier, une hypothèse qui

présente assez de rapports avec celle de Lémery, et à laquelle le célèbre Werner a prêté l'appui de son nom, acquit une grande faveur et compte encore quelques partisans, quoiqu'elle ne puisse, de même que la précédente, supporter un examen sérieux (1). On admit généralement que les *volcans sont produits par l'embrasement des couches de houille et pyrites qui s'enflamment lorsqu'elles sont humectées par les eaux.* Il est facile de démontrer que cette nouvelle supposition est complètement fausse.

La combustion de la houille ne donne jamais lieu à aucun des phénomènes qui sont propres aux bouches ignivomes,

---

(1) Au nombre des naturalistes qui professent encore l'opinion dont il est ici question, on doit surtout citer M. Rodolphe de Prystanowski, qui a publié, en 1822, un ouvrage sur *l'origine des volcans dans l'Italie* (Berlin), très remarquable par les faits intéressants qu'il fait connaître. Cet auteur prétend qu'il y a, dans le milieu de l'Italie, deux traînées de matières inflammables courant du N.-O. au S.-E. Le soufre, l'asphalte, la houille et les minérais sulfureux sont ces matières inflammables. Selon ses idées, les volcans doivent leur activité au contact de ces matières avec l'air et l'eau, et il cite à l'appui de son opinion la quantité de lacs dans les régions volcanisées, l'abondance des sources souterraines et l'éruption boueuse à poissons du Pérou. Il fait dériver l'acide hydrochlorique des volcans des bancs de sel et des sources salées. La mer, d'après lui, n'aurait d'influence sur les volcans qu'en empêchant l'échappement des gaz, etc.

M. Melograni est aussi un de ceux qui attribuent les feux volcaniques à l'embrasement de matières combustibles, principalement du charbon fossile végétal et du bitume animal. Il explique l'inactivité passagère des volcans et leur extinction complète par le manque de ces matières et l'éloignement de la mer. Il croit, en outre, que tous les volcans ont commencé par être sous-marins. (*Description géologique et statistique de l'Aspromonte et de la contrée environnante*, avec trois Mémoires sur l'origine des volcans, le graphite d'Olivadi et les salines de la Calabre, par M. Giuseppe Melograni, in-8°; Naples, 1823; *De l'origine et de la formation des volcans*, par le même; *Atti del real Istit. di Napoli*, t. 1, p. 162.)

c'est-à-dire à des tremblements de terre , des éruptions de laves , des formations de montagne , etc. On connaît un assez grand nombre de houillères embrasées (*St-Etienne*, *Aubin*, etc. , en France ; *Planitz* , en Saxe ; Hesse, Bohême , etc.) , plusieurs même d'une puissance assez considérable ; dans les moments de combustion les plus actifs , elles produisent parfois des jets de flammes , mais le plus ordinairement elles brûlent sans manifester la moindre explosion ; il se dégage quelques vapeurs , des sels ammoniacaux (sulfate et hydrochlorate) se subliment dans les fissures des couches supérieures ; les roches environnantes éprouvent des modifications par l'action continuelle de la chaleur : les unes, principalement les argiles , éprouvent une demi-vitrification , deviennent dures au point d'étinceler sous l'acier , prennent l'aspect de l'émail , avec des couleurs variées ; en un mot , elles sont réduites à l'état de jaspes-porcelaines ou de *porcelanites* ; d'autres se vitrifient complètement, même celles qui sont les plus réfractaires, comme les grès ; quelques-unes très fusibles, les argiles schisteuses sont surtout dans ce cas , prennent l'aspect de scories presque semblables à celles des volcans ; mais , le plus habituellement, les roches terreuses qui sont superposées aux couches de houille ne sont que calcinées légèrement , et ressemblent assez aux briques et aux tuiles qu'on prépare de toutes pièces pour nos besoins. Outre ces effets , on remarque encore une légère dépression dans la surface du sol , à mesure que la couche de houille qui lui servait de support se détruit par sa paisible combustion.

Tels sont les phénomènes particuliers aux houillères embrasées. Qu'on y associe des couches de pyrites plus ou moins considérables, ces phénomènes ne deviendront ni plus intenses ni plus apparents. En effet, on sait que les pyrites ne s'enflamment jamais dans le sein de la terre , quel que soit le degré d'humidité où elles se trouvent ; il leur faut le contact de l'air : même, dans ce cas, leur combustion est aussi tranquille que celle de la houille. Il existe dans plusieurs départements de la France (*Aisne*, *Oise*, *Aveyron*, etc.), à la surface du sol ; des masses de pyrites , de schistes pyriteux et alumineux , auxquels on met le feu : celui-ci se propage très lentement , la température s'élève progressivement , mais jamais à un degré très élevé ; les roches se disgrègent , s'effleurissent , leur nature change , de nouveaux produits se forment (sulfate de fer , de cuivre, d'alumine , etc.), quelques vapeurs se dégagent, les tas se déforment et s'éboulent , mais du reste tout se borne là.

Cette hypothèse présente encore d'autres difficultés. En l'admettant , il est impossible de concevoir les alternatives de repos et d'action d'un même volcan , et la masse incalculable de matières qu'il vomit. Une fois que les couches de houille et de pyrites ont été consumées, la combustion cesse pour toujours , car ces matières ne se reforment plus là où elles ont été détruites. Quels énormes lits de charbon de terre et de pyrites ne faudrait-il pas supposer, ensuite, pour expliquer la formation de ces monstrueuses coulées de laves qui sortent des volcans , même les plus petits ? Il aurait fallu, pour former *l'Etna*, une couche de houille dix fois aussi volumineuse que cette montagne, dont la largeur et la hauteur sont si grandes; on ne connaît pas encore de mine de houille d'une telle puissance ; les mines de pyrites sont dans le même cas.

Ce qui a donné l'idée que les houilles et les pyrites pourraient être la cause première des éruptions volcaniques, c'est qu'on avait remarqué que les produits qui sont communs à presque tous les volcans renferment tous les principes de ces combustibles minéraux. Ainsi, on trouve ordinairement du soufre autour des cratères ; de l'acide sulfureux et de l'acide sulfurique s'en dégagent

presque continuellement ; les laves contiennent beaucoup
de fer : enfin, les fumées qu'exhalent les volcans en
activité et les solfatares, ont habituellement une odeur
de bitume. Mais, pour que ces matières (les houilles
et les pyrites) puissent produire par leur inflammation
les phénomènes terribles que nous offrent les contrées
ravagées par le feu, il faudrait de toute nécessité que
les volcans eussent leur assiette dans les formations secondaires, dans les couches mêmes de houille et de
pyrites. Or, l'observation a démontré que presque tous
les volcans reposent sur les granites et autres terrains
primitifs, par conséquent bien au-dessous des terrains
où se trouvent toujours les combustibles dont nous par-
lons. Les pyrites, il est vrai, se rencontrent dans les
formations de tous les âges ; mais, dans les plus anciennes,
elles ne s'y présentent qu'en petits nids ou rognons disséminés, rarement en petites couches.

Hypothèse de Buffon.

J'aurais dû, peut-être, en raison de la grande analogie
que l'on va remarquer entre les idées de Buffon sur la cause
des éruptions volcaniques et celles précédemment discutées,
ne pas séparer l'explication qu'il a donnée de ces phénomènes de celle que je viens d'examiner en dernier lieu ;
mais comme ce naturaliste a émis quelques opinions qui lui
sont tout-à-fait propres, et que tout ce qui provient de cet
homme célèbre excite à un haut dégré la curiosité, j'ai cru
devoir faire une mention spéciale de son hypothèse. Voici
comment ce poète de l'histoire naturelle entend la production des éruptions.

Il se trouve dans une montagne des veines de soufre,
de bitume et d'autres matières inflammables, ainsi que
des minéraux, des pyrites, qui peuvent fermenter et qui
fermentent, en effet, toutes les fois qu'elles sont exposées

à l'air ou à l'humidité. Toutes ces substances sont réunies ensemble en très grande quantité. Le feu s'y met et cause une explosion proportionnée à la quantité des matières enflammées, et dont les effets sont aussi plus ou moins grands dans la même proportion. « Voilà ce que c'est qu'un « volcan pour un physicien, dit Buffon, et il lui est facile « d'imiter l'action de ces feux souterrains, en mêlant « ensemble une certaine quantité de soufre et de limaille « de fer qu'on enterre à une certaine profondeur, et « de faire ainsi un petit volcan dont les effets sont les « mêmes, proportion gardée, que ceux des grands : car « il s'enflamme par la seule fermentation, il jette la terre « et les pierres dont il est couvert, et il fait de la fumée, « de la flamme et des explosions. »

Mais les feux souterrrains ne peuvent agir avec violence que quand ils sont assez voisins des mers pour éprouver un choc contre un grand volume d'eau. Ainsi l'*Etna* et les volcans de Sicile ont été tranquilles pendant plusieurs milliers d'années, après la baisse des eaux de la mer universelle, et lorsque la Méditerranée n'était plus qu'un lac d'assez médiocre étendue, ses eaux s'étant très éloignées de la Sicile et de toutes les contrées dont elle baigne aujourd'hui les côtes, ce n'est qu'après l'augmentation de la Méditerranée par les eaux de l'Océan et de la mer Noire, c'est-à-dire après la rupture de *Gibraltar* et du *Bosphore*, que les eaux sont venues attaquer de nouveau les montagnes de l'*Etna* par leur base, et qu'elles ont produit les éruptions modernes depuis le siècle de Pindare jusqu'à nos jours. Il en a été de même pour le *Vésuve* : long-temps il a fait partie des volcans éteints de l'Italie, et ce n'est qu'après l'augmentation de la Méditerranée, que les eaux s'en étant rapprochées, ses éruptions se sont renouvelées. La mémoire des premières, et même de toutes celles qui avaient précédé le siècle de Pline, était entièrement perdue, et l'on ne doit pas en être surpris, puisqu'il s'est passé peut-être plus de dix mille ans depuis la retraite entière des mers jusqu'à l'augmentation de la Méditerranée, et qu'il y a ce même intervalle de temps entre la première action du *Vésuve* et son renouvellement.

D'autres phénomènes particuliers paraissent encore démontrer, suivant Buffon, l'influence des eaux de la mer sur les éruptions volcaniques et leur communication avec le foyer des volcans. Telles sont ces masses considérables d'eau que certains volcans rejettent par leurs cratères, l'existence de lacs sur le sommet de beaucoup de volcans éteints, et celle de sources chaudes à leur base. Enfin, ce qui sert encore à corroborer cette opinion, c'est la situation de presque tous les volcans dans les îles ou sur le bord des continents, ainsi que la violence de leurs éruptions. Les volcans étaient jadis beaucoup plus nombreux qu'aujourd'hui, et ils se sont successivement éteints à mesure que les mers s'en sont éloignées.

Buffon prétend que le feu qui consume les volcans ne vient pas de la profondeur de la montagne, mais du sommet, ou du moins d'une profondeur assez petite, et que le foyer de l'embrasement n'est pas éloigné du sommet; car, s'il n'en était pas ainsi, les grands vents ne pourraient pas contribuer à l'embrasement de ces montagnes ardentes; or il est constant pour Buffon que les vents violents et les orages augmentent singulièrement le feu qui s'y manifeste. Parmi les preuves qu'il avance pour soutenir l'opinion que le feu vient plutôt du sommet des cônes volcaniques que des profondeurs de la terre, on remarque celle-ci : en 1669, dans une fameuse éruption de l'*Etna*, qui commença le 11 mars, le sommet de la montagne baissa considérablement, comme tous ceux qui avaient vu cette montagne avant cette éruption s'en aperçurent. Il faut être bien aveuglé en faveur d'un système, ou ne pas vouloir raisonner, pour se servir de pareils faits comme de preuves convaincantes ! Buffon, d'ailleurs, s'appuie beaucoup du sentiment de Borelli, qui dit précisément que le feu des volcans ne vient pas du centre ni du pied de la montagne, mais qu'au contraire il sort du sommet et ne s'allume qu'à une très petite profondeur.

Les solfatares ne sont, d'après Buffon, ni des volcans agissants ni des volcans éteints, mais elles semblent participer des deux. Les eaux thermales, ainsi que les fontaines de pétrole et des autres bitumes et huiles terrestres, doivent être regardées ; suivant le même auteur, comme une autre nuance entre les volcans éteints et les volcans actifs. Lorsque les feux souterrains se trouvent voisins d'une mine de charbon, ils le mettent en distillation ; c'est là l'origine de la plupart des sources de bitume : ils causent de même la chaleur des eaux thermales qui coulent dans leur voisinage. Mais ces feux souterrains brûlent tranquillement aujourd'hui : on ne reconnaît leurs anciennes explosions que par les matières qu'ils ont autrefois rejetées : ils ont cessé d'agir lorsque les mers se sont retirées, et l'on ne doit pas craindre le retour de ces funestes explosions, puisqu'il y a toute raison de penser que la mer se retirera de plus en plus. (*Preuves de la théorie de la Terre*, art. XVI ; *Des volcans et des tremblements de terre.*)

J'ai déjà fait voir que le soufre, les bitumes, les pyrites, ne pouvaient, par leur embrasement, produire les phénomènes que nous présentent les montagnes ignivômes. Quant à l'opinion que les eaux de la mer communiquent avec le foyer des volcans et sont une des causes influentes de leurs éruptions, je démontrerai plus loin, à l'occasion d'une autre hypothèse, que rien n'est plus douteux que cette communication et cette influence. Comment se fait-il que Buffon n'ait pas remarqué que cette opinion est tout-à-fait en opposition avec celle qu'il professe relativement à la situation du foyer du feu dans l'intérieur des volcans? Si ce foyer était en effet placé, comme il le prétend, au sommet de ceux-ci, comment les eaux de la mer, qui ne peuvent nécessairement communiquer qu'avec la base de ces montagnes, pourraient-elles s'y introduire et activer l'embrasement ? Mais cette dernière opinion, d'ailleurs, est tout aussi gratuite que la première, ainsi que l'attestent les nombreuses éruptions qui se font à la base et sur les côtés de certains volcans. Tous les faits démontrent que le foyer des volcans est situé dans les profondeurs de la terre, et il ne restera plus de doute à cet égard après la lecture de ce chapitre. Si quelque chose doit étonner, c'est que Buffon, dont le génie a deviné, pour ainsi dire, l'existence du feu central, n'ait pas saisi les rapports qui existent entre ce feu primitif et les éruptions volcaniques ! On doit supposer que cet illustre naturaliste n'avait pas suffisamment mûri ses idées sur son ingénieuse théorie du vulcanisme primitif, car autrement il n'eût pas manqué d'en déduire une des conséquences les plus rationnelles, celle enfin qui devait se présenter tout d'abord à son esprit.

Hypothèse de Breislack.

Breislack, un des géologues italiens les plus distingués, qui vivait dans le 18e siècle, a supposé que la matière qui occasionnait les éruptions volcaniques était le pétrole, substance très combustible comme on sait. Pour le *Vésuve*, par exemple, il donnait l'explication suivante de ses embrasements.

Il existe beaucoup de matières bitumineuses, de houille, dans la chaîne des Apennins qui passe à l'est du *Vésuve*, et dans les provinces environnantes ; la pierre calcaire fétide de *Castellamare* est pénétrée de bitume, et le calcaire fétide est ordinairement voisin des substances bitumineuses. Il y a des sulfures de fer dans cette même chaîne de montagnes ; il est très probable que ces derniers sont mêlés aux matières bitumineuses ou peu éloignées d'elles , car ces deux genres de substances gisent le plus ordinairement ensemble dans les mêmes contrées. Si les pyrites se décomposent lentement et sans inflammation , il en résultera une chaleur qui agira sur les substances bitumineuses, et en fera distiller le pétrole ; en outre , les houilles sont riches en soufre , et par leur décomposition elles donnent aussi des sels ammoniacaux ; ces deux substances se réuniront donc au pétrole , qui a la faculté de les dissoudre. Ce dernier se rendra par des canaux souterrains vers les profondeurs du *Vésuve* , situé à la plage de la mer. Le pétrole étant plus léger que l'eau salée, doit la surnager : il est volatil , et comme il fournit du gaz hydrogène, il s'enflamme très facilement. Si un courant de matière électrique fulminante se répand dans les cavernes du volcan, il devra enflammer le pétrole : celui-ci pourra, d'ailleurs, entrer en combustion par un simple changement de température. De là les éruptions volcaniques.

Pour expliquer la présence d'une grande quantité d'eau parmi les produits rejetés par les volcans, Breislack, plutôt que d'admettre, avec les anciens auteurs, la communication de la mer avec l'intérieur des foyers volcaniques, supposé avec plus de raison que, dans les moments de tranquillité, il se rassemble une grande quantité d'eau dans les abîmes volcaniques, laquelle, lors de l'embrasement, est soulevée à l'état de vapeur, conserve cette forme aussi longtemps qu'elle est renfermée entre les parois du volcan enflammé, et se condense en se refroidissant par le contact de l'air extérieur. Une partie de cette vapeur d'eau sert à l'entretien de la combustion du pétrole par sa décomposition dans l'intérieur du foyer.

Telle est la théorie de Breislack , qui n'a pas plus de fondement que la précédente. La première invraisemblance, c'est la présence du pétrole dans l'intérieur des volcans ; la seconde, c'est le mode de formation de cette substance. Comment Breislack a-t-il pu supposer d'ailleurs, qu'une si petite cause pût produire des effets aussi gigantesques ? Comment n'a-t-il pas été effrayé en songeant à la masse de pétrole qu'il faudrait pour occasionner les éruptions des volcans d'Amérique , et quelles couches de matières bitumineuses seraient nécessaires pour fournir à la consommation de ces bouches monstrueuses ? Cela prouve combien la manie des systèmes est puissante , puisqu'elle pervertit le jugement des hommes les plus instruits, au point de leur faire admettre des idées aussi erronées.

Hypothèse de Patrin.

A l'époque où Breislack publia sa théorie sur les volcans, une autre, encore plus singulière, parut. Elle était due à Patrin , minéralogiste français assez distingué, mais remarquable par l'originalité de ses idées. Je me bornerai à exposer cette théorie ; toute réfutation sérieuse serait superflue.

Patrin part de l'observation que tous les volcans, sans exception , sont voisins de la mer , et qu'à mesure que la mer s'est éloignée des volcans anciens , ceux-ci se sont éteints ; il déduit de cette proposition que le principal aliment des volcans est l'acide muriatique, qui se forme journellement , existe libre à la superficie des eaux de la mer , et peut descendre vers le fond par sa plus grande densité ; cet acide trouve alors les schistes argileux primitifs ; il s'introduit entre leurs lames , et comme il rencontre en ceux-ci beaucoup d'oxides métalliques , il leur enlève leur oxigène et devient acide muriatique oxigéné (chlore). Cependant ces substances métalliques, dépouillées de leur oxigène , le retirent de nouveau de l'air et de l'eau , et le perdent encore par un nouvel afflux d'acide muriatique. Il se forme de cette manière une circulation d'acide muriatique qui sort de la mer , et qui s'oxigène par le contact des oxides métalliques : ceux-ci restent toujours oxides, parce qu'à mesure qu'ils sont privés d'oxigène, ils en absorbent de nouveau. Cet acide muriatique oxigéné, attiré par les lames schisteuses qui font l'office de tuyaux capillaires, se propage à des distances très grandes, rencontre partout des sulfures de fer dont les schistes sont remplis, et les décompose avec violence. Il s'opère alors un développement considérable de calorique, une formation d'acide sulfurique, et une décomposition d'eau au moyen du carbone. Une portion de l'hydrogène de cette eau se combine avec le carbone et un peu d'oxigène, et forme de l'huile; l'acide sulfurique se combine avec l'huile, et constitue le pétrole; l'autre portion de l'hydrogène est enflammé par le nouveau gaz muriatique oxigéné; le pétrole réduit en gaz s'enflamme aussi, et commence l'incendie.

Patrin croit ensuite que cette incendie finirait promptement, si une autre matière ne concourait à en redoubler l'activité, et il suppose que c'est le fluide électrique, dont il se prévaut encore pour expliquer l'origine des laves et des matières solides vomies par les volcans. Il établit donc que le soufre abonde dans les laves; que le soufre est le fluide électrique concret, comme le diamant est la concrétion du carbone; que le phosphore est une combinaison du soufre avec une autre substance, peut-être la lumière. Ensuite l'inflammation de l'hydrogène par la détonation électrique lui semble prouver d'une manière directe la présence du phosphore dans le fluide électrique. La formation journalière du soufre et du phosphore dans les êtres organiques fait penser à Patrin qu'ils sont dûs à la présence d'un fluide universellement répandu, et qu'il ne croit pouvoir être que le fluide électrique. En admettant la présence du phosphore dans le fluide électrique, il lui attribue la propriété de fixer l'oxigène et quelques autres gaz sous forme solide, de sorte qu'il arrive à établir que les matières solides vomies par les volcans sont dûes à des substances gazeuses devenues concrètes, et sont le produit de ces mêmes substances, comme les fleuves sont le produit de la circulation des eaux. Puis il regarde particulièrement la terre calcaire comme un produit de la concrétion d'une partie d'oxigène et d'azote, et de cette manière il explique la formation de cette terre et des masses calcaires, qu'il affirme être souvent vomies par le *Vésuve*, ce qui a tant tourmenté l'esprit des naturalistes. (*Journ. de Physique*, mars 1800, et *Nouveau Dictionn. d'histoire naturelle*, 1re édition, 1804 ; Déterville.)

Cette hypothèse, ridicule d'un bout à l'autre, semble être le produit d'un cerveau dérangé. C'est pourtant le fruit des méditations d'un naturaliste qui a concouru à la rédaction du premier dictionnaire d'histoire naturelle bien fait publié en France. Les conclusions qui terminent l'exposé de cette théorie sont aussi remarquables qu'elle. « J'ob-
« serverai en finissant, dit Patrin, que lorsque, dans
« une théorie telle que celle-ci, tous les faits viennent
« se rattacher d'eux-mêmes au fil principal, il semble
« que ce soit le fil même de la nature. Or, non-seulement
« tous les phénomènes volcaniques, mais encore la plu-
« part des autres phénomènes géologiques, trouvent leur
« explication naturelle dans cette circulation et dans les
« *diverses combinaisons des fluides* de l'atmosphère, etc. »

Hypothèse de Bernardin de Saint-Pierre.

Parmi les ouvrages que l'on met entre les mains de la jeunesse, il n'en est pas de plus dangereux peut-être que ceux de Bernardin de Saint-Pierre, car cet auteur, si justement admiré pour la fraîcheur et le coloris de son style, est malheureusement remarquable par ses nombreuses erreurs dans les sciences physiques et naturelles. Les personnes qui le lisent sans avoir les connaissances nécessaires pour distinguer le vrai du paradoxal, adoptent avec bonne foi ses assertions erronées, d'autant plus que ses raisonnements ne manquent pas d'une certaine logique qui en impose.

On peut dire avec raison que cet auteur est celui qui a le plus répandu de préjugés et d'erreurs dans la société relativement à l'histoire naturelle, et cela avec d'autant plus de facilité que jusqu'à présent en France on s'est peu occupé à populariser cette étude, et qu'elle ne fait pas encore partie de l'instruction qu'on donne communément à la jeunesse. Sous ce dernier rapport, les étrangers nous laissent bien loin derrière eux, car de nombreux ouvrages élémentaires, rédigés par des hommes du premier mérite, qui ne dédaignent pas d'écrire dans l'intérêt de la masse de leurs concitoyens, sont répandus, pour ainsi dire, avec un luxe de profusion, dans toutes les classes de la société. Il est donc du devoir de tout naturaliste qui veut être réellement utile, de relever les fautes qui fourmillent dans les écrits d'un auteur qui jouit chez nous d'une faveur aussi grande que Bernardin de Saint-Pierre, et de mettre tout le monde en garde contre ses idées, d'autant plus dangereuses qu'elles sont revêtues d'une élégance entraînante. C'est par de tels motifs que je crois devoir exposer ici l'opinion que cet écrivain a émise sur l'origine des feux volcaniques, dans ses *Études de la Nature*, et démontrer combien ses idées sont fausses à cet égard.

Entraîné par une idée dominante, par le désir d'expliquer les phénomènes naturels au moyen des causes finales, Bernardin s'égare ici comme ailleurs dans de pures spéculations. Selon lui, l'eau de la mer jouit, en raison de son dégré de salure, de la propriété de dissoudre et non de conserver toutes les matières organiques; les huiles, les bitumes et les nitres des végétaux et des animaux sont amenés dans l'Océan par le concours des pluies et des fleuves; il s'y joint des dissolutions métalliques, surtout celle du fer. — L'Océan serait bientôt couvert d'une couche épaisse de ces huiles, si les courants n'amenaient ces matières dans le voisinage des volcans qui ont communication avec la mer. — Les volcans sont de vastes fourneaux allumés sur les rivages de l'Océan pour purger ses eaux, comme le tonnerre purifie l'air. — Les volcans se sont allumés primitivement par les fermentations végétales et animales dont la terre fut couverte après le déluge, lorsque les dépouilles de tant de forêts et de tant d'animaux nageaient à la surface de l'Océan et formaient des dépôts monstrueux que les courants accumulaient dans les bassins des montagnes ; ils s'y enflammèrent par la simple fermentation, comme nous voyons des meules de foin mouillées s'enflammer dans nos prairies.

Cette théorie est appuyée, 1° sur l'existence constante des volcans sur les bords de la mer, et sur la quantité d'eau qu'ils vomissent ; 2° sur l'extinction d'anciens volcans qui, dans l'ordre primitif, se trouvaient sur les bords de l'Océan, et qui ont cessé d'être alimentés par lui, quand, par un changement d'axe de notre globe, les eaux en ont abandonné une partie pour envahir l'autre.

Il y a autant d'erreurs que de mots dans cette théorie, contre laquelle je n'élèverai que quelques objections, devant discuter plus tard, à l'occasion d'autres hypothèses, la valeur de plusieurs assertions avancées par Bernardin. L'opinion que l'eau de la mer peut dissoudre les matières organiques au lieu de les conserver, est en opposition avec tous les faits ; et l'existence de ces matières en dissolution dans l'Océan, en quantité assez considérable pour alimenter les volcans, est également erronée. Quel rapport, d'ailleurs, existe-t-il entre la composition de ces matières et les produits rejetés par les volcans ?..... Il faut pardonner, au reste, à Bernardin, qui n'était nullement chimiste, de soutenir des opinions qui sont en contradiction manifeste avec tous les faits. Le peu que j'ai dit suffit pour montrer comment un écrivain d'ailleurs estimable se couvre de ridicule quand il veut traiter de choses qui sortent du cercle de ses connaissances, et quel tort il fait à la société en propageant des opinions que la véritable science frappe de réprobation.

Hypothèses de quelques autres géologues.

Plusieurs géologues ayant remarqué le peu de chaleur que les coulées de laves répandent autour d'elles, et ayant reconnu dans leur intérieur des substances minérales très fusibles dans un état parfait d'intégrité, ont prétendu que la température n'est pas très élevée dans l'intérieur des volcans, et, par suite, que la fusion des laves s'était opérée à une très basse température, ou même qu'elles n'étaient pas en fusion lors de leur sortie des cratères.

Kirvan a supposé que les laves étaient entraînées par des flots de bitume.

Dolomieu a avancé qu'il y avait dans ces matières une cause ou une substance particulière qui les faisait fondre ou rougir à un degré plus bas que toute autre matière minérale de même composition ; que cette substance était le soufre , et que c'était ce corps qui, par sa combustion continuelle au contact de l'air , leur donnait la faculté de rester chaudes pendant très long-temps et dans un état de mollesse plus ou moins grand.

Plus récemment, M. Poulett-Scrope a admis une autre explication relativement à la manière dont les laves ont coulé. Il suppose que la plupart d'entre elles, au moment où elles coulent sur la surface de la terre et à découvert , ne sont pas dans un état de fusion, mais qu'elles consistent en cristaux solides, glissant les uns sur les autres à cause de l'intervention de petites quantités d'un fluide élastique, produit dans la masse de la lave resserrée, et porté à une grande intensité de chaleur. Or, lorsque la pression exercée sur cette masse est diminuée par suite de l'éboulement des roches superposées , ou par leur crevassement, les parcelles cristallines et les vapeurs, mêlées intimement, s'élèvent et s'échappent ou s'écoulent, précisément comme un mélange d'eau et de vapeur s'échappe par l'embouchure du digesteur de Perkins, lorsqu'on tourne le robinet. M. Poulett convient pourtant que quelques volcans ont produit des laves dans un état de fusion complète : il met dans cette catégorie ceux de l'île de *Bourbon*, de *Monte-Bianco*, à l'extrémité orientale de *Lipari*, de *Ténériffe* et de l'*Irlande*. (*Considerations on Volcanos, the probable causes of their phenomena, etc; Considérations sur les volcans, sur les lois qui président à la disposition de leurs produits et les causes qui déterminent ces phénomènes; suivies d'un examen sur les rapports que les volcans présentent avec les révolutions que notre globe à subies et avec son état actuel, rapports qui conduisent à une nouvelle théorie de la Terre; par M. Poulett-Scrope, esq., secrétaire de la Société géologique; 1 vol. in-8°. Londres, 1825. — Mémoir on the Geology of central France; Mémoire sur la Géologie de la France centrale, comprenant les formations volcaniques de l'Auvergne, du Vélay et du Vivarais, par le même; in-4°, avec atlas. Londres, 1827.*)

Toutes les opinions que je viens de rapporter sont complètement fausses. Des observations multipliées (et elles se trouvent exposées dans les chapitres précédents) établissent d'une manière irréfragable que la température de l'intérieur des volcans est très élevée, que les laves qui en sortent sont toujours dans un état de fusion ignée, que la chaleur qu'elles dégagent dans l'atmosphère est considérable, mais qu'elle s'affaiblit graduellement à mesure que la surface des courants se fige et se consolide, etc. Une fois que les parties intermédiaires des coulées sont protégées du contact de l'air par une croûte qui empêche le rayonnement, on conçoit facilement, étant aussi mauvais conducteurs de la chaleur qu'elles le sont, comment elles peuvent conserver pendant si long-temps une haute température et une liquidité pâteuse. On sait aussi que toutes les fois qu'on met à nu ces parties intermédiaires, en enlevant la croûte qui les recouvre, elles paraissent de nouveau incandescentes, et répandent au loin une forte chaleur. D'ailleurs, la structure cristalline et parfaitement homogène des laves démontre clairement que toutes les parties qui les composent ont été tenues en fusion (1).

---

(1) Les bois verts, les arbres atteints par les laves, s'enflamment subitement ; mais aussitôt que celles-ci les recouvrent, la combustion s'arrête, et ils passent à l'état de charbon ; c'est ce qui arriva dans une grande éruption du volcan de l'île de *Bourbon*. Ce fait explique très bien pourquoi l'on trouve certaines coulées sur des lits de houille, ou plutôt de lignites. Le mont *Meissner*, en *Hesse-Cassel*, en offre surtout un bel exemple.

On trouve souvent de la chaux carbonatée au milieu des laves, avec tous ses caractères ; elle paraît n'avoir subi aucune altération ; elle a conservé son acide et sa consistance. Faujas, le premier, observa ce fait (*Minéralogie des volcans*, p. 152 et suivantes), que les expériences de Hall expliquent parfaitement. Mais lorsque cette pierre n'a été qu'en partie entourée par la matière lavique, de telle sorte qu'elle n'est pas entièrement soustraite au contact de l'air, on remarque qu'elle se réduit en poussière ou devient farineuse et fendillée. (Thomson, cité par Breislack, *Voyage en Campanie*, t. 1, p. 284.)

Les silex qu'on rencontre au milieu des coulées sont fendillés et peu tenaces ; ils ont un aspect gras ; aussi leur a-t-on donné le nom de *pechsteins* ou *pierres de poix*. Ils présentent des caractères analogues lorsqu'on les soumet à l'action de nos fourneaux.

Thomson a publié le Catalogue des substances de diverses natures qui furent altérées plus ou moins par le contact de la lave brûlante qui détruisit *Torre del Greco*, et qu'on découvrit dans les fouilles qu'on fit pour y jeter les fondations de la nouvelle ville. On remarque surtout :

1º Que le verre fut changé en porcelanite ;

2º Que le fer malléable s'est gonflé et comme boursoufflé, est devenu cristallin et fragile ; que plusieurs pièces de ce fer ont présenté des octaèdres et d'autres cristaux lamelleux ;

3º Qu'on a trouvé aussi dans des ferrures des pierres qui avaient donné naissance à du sulfate de fer déliquescent ;

4º Que le cuivre des monnaies s'est souvent changé en cuivre rouge ;

5º Que les monnaies d'or n'ont éprouvé d'autre altération que

Quant aux substances cristallines très fusibles que l'on trouve dans toute leur intégrité au milieu de la matière lavique, leur présence n'a rien qui puisse étonner, puisque les expériences de plusieurs chimistes et physiciens, expériences que j'ai déjà citées, établissent positivement qu'elles ont dû se former, alors même que la matière lavique était en fusion complète, soit dans l'intérieur du cratère, soit après son dégorgement, et au moment de son refroidissement lent dans l'atmosphère.

Quelques géologues ont encore apporté en preuve de la non-fusion des laves l'impossibilité où l'on était de fondre ces matières par aucun procédé artificiel. D'abord cette difficulté n'existe plus, puisque M. Mistcherlich est parvenu, dans ces dernières années, à former des substances pierreuses de toutes pièces, en exposant à la chaleur de hauts fourneaux les principes constituants de plusieurs d'entre elles (1); mais, en outre, les expériences

de se couvrir d'un léger enduit noir, qui est probablement dû à leur alliage;

6° Que les reliquaires d'argent ont été trouvés couverts de petites ampoules qui étaient remplies de cristaux d'argent sublimé;

7° Que le plomb s'est converti en sulfure cristallisé en cubo-octaèdre, comme le sulfure naturel; que, dans d'autres circonstances, il s'est changé en minium ou litharge;

8° Que le métal des cloches a été décomposé, et que son cuivre et son zinc se sont changés en sulfures;

9° Que le laiton s'est décomposé complètement, et que son cuivre et son zinc ont passé à l'état de sulfures cristallisés;

10° Qu'enfin on n'a trouvé à la place du vin qu'un sulfate de potasse vitrifié, cristallisé en prismes hexaèdres, avec ou sans pyramides.

(Thomson, cité par Breislack, *Voyage en Campanie*, t. 1, p. 284.)

Tous ces faits établissent donc la haute température des laves au moment où elles sont rejetées par les volcans, et par suite celle de ces vastes soupiraux.

(1) « Cette précieuse découverte, dit M. Cuvier, paraît porter « enfin presque au degré d'une démonstration rigoureuse une hy-

de Hall, celles de MM. Dartigues et Fourmy, nous expliquent pourquoi les laves refroidies exigent pour leur fusion une température qui paraît de beaucoup supérieure à celle qu'elles avaient lors de leur éruption hors du sein de la terre ; c'est qu'un corps terreux tenu long-temps en fusion, et à la même température, se dévitrifie, c'est-à-dire que ses parties se combinent dans des proportions différentes, se réunissent et cristallisent au milieu de la masse vitrifiée, et qu'alors il faut, pour les fondre, une température bien plus élevée que celle qui les a tenues en liquéfaction pour la première fois.

Si, comme le prétend Dolomieu, le soufre était la cause du long refroidissement qu'éprouvent les laves après leur sortie des cratères, on devrait trouver ce corps en grande quantité dans ces matières. D'abord, fort peu de laves en renferment, malgré les assertions de quelques géologues modernes nullement chimistes, et, dans celles où il se rencontre, il est toujours en très petites proportions. Ménard de la Groye combattit dans le temps l'opinion de Dolomieu, et donna une explication du phénomène, qui n'est pas plus fondée que celle de son antagoniste. (*Observations sur le Vésuve*, etc.) Suivant lui, la chaleur qui se conserve dans les laves pendant si long-temps est

---

« pothèse célèbre avancée sans preuve par Descartes, Leibnitz
« et Buffon, et à laquelle les travaux récents de M. de Laplace
« avaient déjà donné un haut degré de vraisemblance. On peut
« donc regarder aujourd'hui comme une chose à peu près prouvée
« que la terre a une chaleur propre, indépendante de celle qu'elle
« reçoit du soleil, et qui est un reste de sa chaleur originaire. Ce retour
« aux idées énoncées jadis par nos plus grands hommes, prouve qu'il
« ne faut jamais mépriser les conjectures même les plus hasardées
« des hommes de génie : c'est un de leurs priviléges que la vérité leur
« apparaît souvent jusque dans leurs rêves.

(*Discours sur les progrès récents de la Chimie*, prononcé en mai 1826, dans une séance des quatre Académies.)

due à l'eau ou à son oxigène, dont toutes contiennent des quantités plus ou moins grandes ; il pense que les laves refroidies ont perdu la faculté de prendre l'état fluide ou pâteux, de la même manière que le fer qui, à l'état de fonte, est facilement fusible, résiste, lorsqu'il est forgé, aux plus violents coups de feu de nos fourneaux. Cette comparaison n'est pas juste, car ce n'est pas parce que la fonte a été refroidie qu'elle a perdu sa fusibilité, comme les laves, mais bien parce que le cinglage à la loupe lui a enlevé les matières vitreuses et fusibles qui se trouvaient mêlées dans sa pâte.

Hypothèse de sir Humphry Davy.

Cette hypothèse est célèbre, non seulement par le nom du chimiste qui l'a émise, mais encore par la nouveauté des idées et l'espèce de vérité qu'elle paraît présenter lorsqu'on ne l'examine que superficiellement. Déjà j'ai eu occasion, dans un autre écrit (voyez *Bulletin des Sciences naturelles et de Géologie*, 2ᵉ section du *Bulletin universel des Sciences et de l'Industrie*, publié sous la direction de M. le baron de Férussac, t. xv, p. 230), de prouver, après M. Gay Lussac, combien cette théorie ingénieuse est loin de pouvoir expliquer tous les phénomènes volcaniques. En raison de l'importance qu'elle a eue, et surtout à cause de la réputation de son auteur, je vais revenir sur cette hypothèse et développer plus au long les motifs qui me portent à la rejeter.

Lorsqu'un homme de génie avance une proposition, on doit l'examiner avec d'autant plus de sévérité, qu'elle peut avoir des conséquences plus fâcheuses si elle est erronée. Tant de gens sont disposés à adopter avec engouement les idées même les plus singulières, alors qu'elles viennent d'un homme remarquable par la grandeur de ses travaux, et à faire partager leur enthousiasme irréfléchi au plus grand

nombre, qu'il est du devoir de ceux qui jugent avec plus
de sang-froid et d'impartialité, de démontrer l'erreur, même
lorsqu'elle a reçu une espèce de consécration de la part
du temps. Il est sans doute pénible d'abandonner des idées
que l'on s'était habitué à regarder comme l'expression de
la vérité et qui satisfaisaient l'esprit en levant toutes les
difficultés qu'offrait un sujet épineux , mais le seul moyen
de ne pas arrêter la marche progressive des sciences ,
de la seconder, au contraire, c'est de soumettre tout au
creuset de la discussion , de ne rien adopter sans examen,
et de frapper du sceau de la réprobation, quelle qu'en
soit la source , tout ce qui ne laisse pas dans l'esprit
une conviction pleine et entière. « Le besoin de généralité,
« de résultat rationnel, dit un penseur moderne des plus
« profonds , est le plus puissant et le plus glorieux de
« tous les besoins intellectuels ; mais il faut bien se garder
« de le satisfaire par des généralisations incomplètes et
« précipitées. Rien de plus tentant que de se laisser aller
« au plaisir d'assigner sur-le-champ, et à la première vue ,
« le caractère général , les résultats permanents d'une
« époque, d'un événement. L'esprit humain est comme
« la volonté humaine, toujours pressé d'agir, impatient des
« obstacles , avide de liberté et de conclusion ; il oublie vo-
« lontiers les faits qui le pressent et le gênent ; mais, en
« les oubliant , il ne les détruit pas, et ils subsistent pour
« le convaincre un jour d'erreur et le condamner. Il n'y
« a, pour l'esprit humain , qu'un moyen d'échapper à
« ce péril, c'est d'épuiser courageusement, patiemment
« l'étude des faits , avant de généraliser et de conclure.
« Les faits sont pour la pensée ce que les règles de la
« morale sont pour la volonté. Elle est tenue de les con-
« naître , d'en porter le poids ; et c'est seulement lors-
« qu'elle a satisfait à ce devoir, lorsqu'elle en a mesuré
« et parcouru toute l'étendue , c'est alors seulement qu'il
« lui est permis de déployer ses ailes et de prendre son

« vol vers la haute région d'où elle verra toutes choses
« dans leur ensemble et leurs résultats. Si elle y veut
« monter trop vite, et sans avoir pris connaissance de tout
« le territoire que de là elle aura à contempler, la chance
« d'erreur et de chute est incalculable. C'est comme dans
« un calcul de chiffres, où une première erreur en entraîne
« d'autres à l'infini. » (Guizot, *Cours d'Histoire moderne
professé à la faculté des lettres de Paris*, 1828.)

Ces réflexions me sont suggérées par ce qui s'est passé
dans ces dernières années, relativement à l'hypothèse du
célèbre Davy, qu'une mort récente et prématurée est
venue arracher aux sciences physiques et chimiques qu'il
avait enrichies de tant de travaux remarquables. A la
suite de ses belles recherches sur la nature chimique des
alcalis et des terres, qui datent de 1808, sir H. Davy,
s'appuyant sur les phénomènes qu'offraient les nouveaux
métaux dans leur contact avec l'eau et l'air, à la température ordinaire, avança que les feux volcaniques pourraient bien être le résultat de la combustion de ces
substances dans l'intérieur de la terre, où elles existeraient
à l'état métallique, et probablement en grande quantité,
et qu'à l'aide d'une telle hypothèse, rien n'était plus facile que de concevoir la formation des laves, des basaltes
et autres produits d'origine ignée.

Cette idée, aussi hardie qu'originale, avancée dans un
moment où les esprits étaient encore émerveillés par une de
ces découvertes qui changent totalement la face des sciences,
ne pouvait manquer d'avoir de nombreux partisans ; aussi
personne ne mit-il plus en doute que, sous le foyer des volcans, il n'y eût des dépôts considérables de potassium, de
sodium et des autres métaux alcalins et terreux. Cependant, peu à peu l'admiration ayant fait place à la réflexion,
on commença à examiner sérieusement cette brillante
théorie ; bientôt on s'aperçut de ses nombreuses imper-
fections, et, dès cet instant, elle perdit beaucoup de son

crédit. Son auteur, cependant, continua à la professer, et depuis 1812, comme il le dit lui-même, il s'est efforcé d'en prouver la vérité en examinant les phénomènes volcaniques, tant anciens que modernes, dans les diverses parties de l'Europe. L'année dernière encore, il a publié un mémoire fort intéressant, dans lequel il fait revivre ses premières idées. (*Mémoire sur les phénomènes des volcans*, par sir **H. Davy**, lu à la Société royale de Londres, le 20 mars 1828; *Philosoph. Magaz.*, mai 1828, p. 373; et *Ann. de Chimie et de Physique*, juin 1828, p. 133.) Voyons donc plus en détail les faits sur lesquels il s'appuie pour soutenir son opinion.

Sir **H. Davy**, envisageant que les feux des volcans se présentent et cessent avec tous les phénomènes qui indiquent une action chimique intense, que des phénomènes d'une telle grandeur exigent l'action d'une masse immense de matière, enfin que les produits qui en résultent sont des mélanges d'oxides et de terres (silice, alumine, chaux, soude, oxide de fer, etc.), dans un état de fusion et de vive incandescence, de l'eau et des substances salines, sir **H. Davy**, dis-je, prétend que rien n'est plus naturel que de regarder les éruptions volcaniques comme le résultat de l'action de l'eau de la mer et de l'air sur les métaux des terres et des alcalis. Pour répondre à cette objection, que si l'oxidation de ces métaux était la véritable cause de ces éruptions, on devrait trouver quelquefois dans la matière lavique quelques-uns de ces métaux non oxidés, et au moins que la combustion devrait s'augmenter au moment où les matériaux passent dans l'atmosphère, il fait observer que tout prouve que le sol sur lequel reposent les volcans renferme d'immenses cavités souterraines, et que c'est dans ces cavités, où l'air et l'eau de la mer peuvent pénétrer sur les substances actives longtemps avant que celles-ci n'atteignent la surface extérieure, que s'opèrent les réactions qui donnent naissance aux inflammations volcaniques. Le tonnerre souterrain entendu à de si grandes distances sous le *Vésuve*, la dépendance mutuelle des phénomènes que présentent cette montagne et la solfatare de *Pouzzole*, dépendance qui est telle, que lorsque la première est en activité, l'autre est dans un repos parfait, et *vice versâ*, dépendance enfin qui ne peut avoir lieu qu'à l'aide d'une communication souterraine, sont autant de démonstrations, suivant lui, de l'existence de grandes cavités remplies de substances aériformes.

Quant à la communication des eaux de la mer avec le foyer des volcans, elle est établie par cette circonstance que presque tous les grands volcans du monde sont peu éloignés de la mer, et que lorsque le contraire a lieu, comme on le remarque dans l'Amérique méridionale, de grands lacs souterrains se rendent dans leurs abîmes, puisque, d'après M. de Humboldt, quelques-uns de ces volcans rejettent des poissons au moment de leurs éruptions.

Telles sont, en peu de mots, les idées de sir H. Davy, idées fort bien coordonnées entr'elles, mais qui malheureusement ne sont pas en rapport avec les faits observés jusqu'ici dans ces grandes catastrophes périodiques (1).

---

(1) Parmi les géologues qui ont soutenu de leurs écrits la théorie de sir H. Davy, je citerai entr'autres le professeur Carmelo Maravigina et M. Agatin Longo. Tous deux s'efforcent de prouver la vraisemblance des idées du chimiste anglais ; seulement M. A. Longo élève quelques objections, et il émet le doute si les métaux alcalins et terreux existent dans le sein de la terre, et en filons assez considérables pour avoir pu fournir à une éruption telle que celle de l'Etna, en l'année 1669. Voici comment M. Longo explique, de son côté, les phénomènes volcaniques. « C'est l'eau ou l'humidité « souterraine qui, en se décomposant, cède son oxigène au fer, aci- « difie le soufre, et dégage du gaz hydrogène sulfuré, lequel, mêlé « avec le gaz acide carbonique, l'air atmosphérique et les vapeurs, « sort par torrents de la bouche enflammée des volcans. Ces gaz, « tant qu'ils sont renfermés dans les entrailles de la montagne, « donnent lieu aux mugissements et détonations qui sont les pré-

Dans cette théorie, il faut de toute nécessité que l'air puisse pénétrer librement dans le sein des montagnes ignivômes ; or, j'ai démontré, à propos de l'hypothèse de Lémery, que cette circulation de l'air dans l'intérieur des volcans était physiquement impossible. Sir Davy, à l'exemple de plusieurs autres géologues, pense qu'il existe sous la croûte du globe de grandes cavités remplies de matières gazeuses ou d'air, et que c'est à l'aide de ces vides que les mugissements souterrains, les tremblements se propagent à des distances immenses. Mais il n'est nul besoin de ces voies de communication et de ces substances aériformes pour concevoir la manière dont se fait la transmission du son dans les bruits et les commotions souterraines. Voici comment M. Gay Lussac s'exprime à ce sujet.

« Un tremblement de terre, comme l'a très bien dit
« le docteur Young, est analogue à un tremblement
« d'air. C'est une très forte onde sonore, excitée dans
« la masse solide de la terre par une commotion quel-
« conque, qui s'y propage avec la même vitesse que
« le son s'y propagerait. Ce qui surprend, dans ce grand
« et terrible phénomène de la nature, c'est l'étendue
« immense à laquelle il se fait sentir, les ravages qu'il
« produit, et la puissance de la cause qu'il faut supposer.
« Mais on n'a pas assez fait attention à l'ébranlement
« facile de toutes les particules d'une masse solide. Le

« curseurs des éruptions. Les tremblements de terre locaux ont « la même origine. » L'eau est donc l'unique *principe moteur* des éruptions, pour me servir des expressions du naturaliste italien. (Voir, pour plus de détails : *Memoria sul principio motore dei Vulcani*, etc. ; *Mémoire sur le principe moteur des Volcans*, par A. Longo, in-8° de 20 pages. Palerme, 1823.—*Istoria dell'incendio dell'Etna, del mese di Maggio*, 1819 ; et *Memoria sopra i Vulcani*, par le docteur Carmelo Maravigina. — Voir aussi *Giornale di scienze, letterat. ed arti per la Sicilia*, n° 3, p. 223 ; et n° 4, p. 3.)

« choc produit par la tête d'une épingle, à l'un des bouts
« d'une longue poutre, fait vibrer toutes ses fibres, et se
« transmet distinctement à l'autre bout, à une oreille atten-
« tive. Le mouvement d'une voiture sur le pavé ébranle
« les plus vastes édifices, et se communique à travers des
« masses considérables, comme dans les carrières profondes
« au-dessous de Paris. Qu'y aurait-il donc d'étonnant qu'une
« commotion très forte dans les entrailles de la terre la
« fît trembler dans un rayon de plusieurs centaines de
« lieues ? D'après la loi de transmission du mouve-
« ment dans les corps élastiques, la couche extrême ne
« trouvant pas à transmettre son mouvement à d'autres
« couches, tend à se détacher de la masse ébranlée ; de
« la même manière que, dans une file de billes, dont la
« première est frappée dans le sens des contacts, la dernière
« seule se détache et prend du mouvement. C'est ainsi
« que je conçois, dit toujours M. Gay Lussac, les effets
« des tremblements à la surface de la terre, et comment
« j'expliquerais leur grande diversité, en prenant d'ailleurs
« en considération, avec M. de Humboldt, la nature du
« sol et les solutions de continuité qui peuvent s'y trouver.
« En un mot, les tremblements de terre ne sont que
« la propagation d'une commotion à travers la masse de
« la terre, tellement indépendante des cavités souterraines,
« qu'elle s'étendrait d'autant plus loin que la terre serait
« plus homogène. » (*Réflexions sur les volcans; Ann.
de Chimie et de Physique*, t. XXII, p. 415 et suivantes.)

En second lieu, sir H. Davy, comme beaucoup d'autres
auteurs, admet que la mer communique avec les foyers
volcaniques. De tout temps les naturalistes ont attaché
une grande importance à cette situation des volcans près
de la mer ou dans les îles. Il est difficile de donner une
raison bien satisfaisante de ce fait, et il l'est encore plus
de se rendre compte de la manière dont cette communication peut avoir lieu. Tout atteste que les filtrations

de la mer avancent fort peu dans l'intérieur des terres, et en général tout ce qu'on a dit à cet égard est exagéré. S'il était vrai, d'ailleurs, que cette communication des eaux de la mer avec les volcans fût une des causes de leurs éruptions, comment expliquer le repos actuel de certains d'entre eux, quoique toujours placés dans les mêmes circonstances? Les îles d'*Ischia*, de *Ponce*, de *Procida*, etc., sont toujours entourées de la mer; les bases des cratères d'*Averne*, de *Gauro*, d'*Astroni*, etc., sont encore baignées par elle, et cependant tous ces lieux ne donnent aujourd'hui aucun signe d'action. Dira-t-on que les canaux souterrains par lesquels les eaux s'introduisaient dans les abîmes volcaniques sont fermés actuellement, ou que les masses de métaux alcalins et terreux qui existaient sous ces localitées différentes sont épuisées? Il serait plus que difficile de concevoir de telles raisons.

D'ailleurs, si l'opinion que je cherche à réfuter était vraie, on devrait s'étonner de voir qu'un grand nombre de volcans sont situés dans l'intérieur des continents. Les volcans les plus actifs du royaume de Quito, par exemple, le *Cotopaxi*, le *Pichincha*, le *Tunguragua*, le *Sangay*, appartiennent au chaînon oriental des Andes, et par conséquent à celui qui est le plus éloigné des côtes; le *Cotopaxi*, entr'autres, est à plus de cinquante lieues de la côte la plus voisine. Les deux volcans actuellement en ignition dans les régions centrales de l'Asie, sont à quatre cents lieues de la mer *Caspienne*, qui est la mer la plus voisine, etc. Quels moyens de communication peut-on supposer à des distances pareilles? Il est vrai qu'on supplée aux eaux de la mer par de grands lacs souterrains dont l'existence est attestée par d'immenses éruptions boueuses, de grandes inondations, et surtout par ces *prennadillas* qui sont rejetés quelquefois en quantité innombrable; mais bien des circonstances établissent que ces lacs n'ont aucune communication avec le foyer même des éruptions. J'en ai parlé très en détail dans le chapitre précédent ; je n'y reviendrai donc pas ici.

Il reste donc bien probable que cette communication de la mer ou des lacs souterrains avec le foyer des volcans est tout-à-fait chimérique. Au reste, en l'admettant, il serait tout aussi difficile d'expliquer certains faits dans la discussion desquels je vais entrer.

Une des conséquences les plus importantes de l'action de l'eau sur les métaux alcalins et terreux serait la production d'une énorme quantité d'hydrogène, et, par suite de la combustion de ce gaz au contact de l'air, le dégagement par le cratère des volcans d'une masse prodigieuse de vapeur aqueuse. On remarque, en effet, dans toutes les éruptions, d'abondantes vapeurs d'eau. Mais on conçoit difficilement que tout l'hydrogène rendu libre soit brûlé, car, quelque grandes qu'on suppose les cavités souterraines que sir H. Davy admet sous les montagnes ignivômes, il est plus que probable qu'il ne s'y trouve pas une quantité d'air assez considérable pour opérer la combustion du volume énorme d'hydrogène qui a dû se dégager. D'ailleurs, il est impossible, en supposant que les deux gaz soient dans les proportions convenables, qu'une partie de l'hydrogène n'échappe à l'inflammation, entraîné par les vapeurs aqueuses, les gaz acides et les sublimations salines qui ont lieu dans le même moment. D'après cela, on devrait trouver parmi les produits aériformes qui sortent des cratères une quantité d'hydrogène assez forte, eu égard aux masses produites. Or, les observations prouvent que le dégagement de ce gaz est très rare dans les éruptions.

On pourrait supposer alors que ce gaz, au moment où il va sortir des abîmes volcaniques, se combine avec quelque autre corps combustible. De tous les composés hydrogénés que nous connaissons, on ne remarque dans les lieux volcaniques que des sels ammoniacaux, de l'hydrogène sulfuré et de l'acide hydrochlorique. Les sels ammoniacaux, dont la base proviendrait de la combinaison de l'hydrogène avec l'azote de l'air décomposé, sont en trop petite quantité pour qu'on puisse calculer sur une grande absorption d'hydrogène par ce moyen. Il en est de même pour l'hydrogène sulfuré, qu'on n'a signalé jusqu'ici que dans une proportion assez faible. Il est vrai que ce gaz étant facilement inflammable au contact de la chaleur, la plus grande partie pourrait être ainsi décomposée, puisque les tourbillons de fumée qui suivent chaque explosion sont traversées par des matières rouges, par des éclairs qui ne manqueraient pas de produire cet effet. Mais alors on devrait rencontrer d'abondants dépôts de soufre autour des cratères et dans les plaines environnantes. Si dans quelques localités (volcans du *Japon*, de l'île de *Java*, volcan de *Kiranca* dans l'île d'*Hawai* (une des *Sandwich*), etc., etc.), ce corps se présente en bancs épais, en masses considérables; en revanche, dans presque toutes les autres, il est en fort petites proportions : on le trouve sous forme de sublimations, toujours peu étendues; ce qui ne devrait pas être s'il se produisait constamment par suite de l'inflammation de l'hydrogène sulfuré.

Ce serait donc avec le chlore que la presque totalité de l'hydrogène s'unirait; mais alors on serait forcé d'admettre que les métaux alcalins et terreux ne sont plus à l'état de liberté dans l'intérieur de la terre, qu'ils sont, au moins en partie, à l'état de chlorure, comme quelques chimistes, et principalement M. Gay Lussac, l'ont avancé. Dans ce cas, que devient la théorie de sir H. Davy? Du reste, dans cette supposition, la quantité d'acide hydrochlorique produit devrait être considérable. Il n'en est pas ainsi cependant. Tous les naturalistes qui ont observé les phénomènes volcaniques sur place, ont bien reconnu qu'au moment des éruptions il y avait production de cet acide; mais aucun d'eux n'a avancé que ce fût dans des proportions extraordinaires. Il résulte de tout ce qui vient d'être dit, qu'il est loin d'être démontré rigoureusement

que l'eau joue dans les réactions volcaniques le rôle que
sir H. Davy lui attribue.

Une autre conséquence de la théorie du chimiste anglais,
c'est que les parties intérieures du globe auraient une
pesanteur spécifique très faible, puisqu'on sait, en effet,
que les métaux terreux et alcalins sont généralement plus
légers que l'eau. Or, cette grande légèreté est contraire à
toutes les opinions et à toutes les expériences des physiciens,
qui s'accordent généralement à attribuer aux roches internes
de notre planète une densité supérieure à celle des terres
et des roches qui composent sa superficie. On peut établir,
d'après les calculs de Clairaut, de Boscowich, de Laplace,
du docteur Maskeline et les expériences de Cavendish, en
prenant un terme moyen, que la densité du noyau interne
de la terre, comparée à celle de l'eau, est dans le rapport
de cinq à un; par conséquent on ne peut admettre que ce
noyau soit formé par des substances dont la pesanteur
spécifique est inférieure à celle de l'eau.

D'après tous ces faits, tous ces raisonnements, dont je
pourrais encore augmenter la liste, il doit paraître évident que la théorie ingénieuse de sir H. Davy est in-
suffisante pour l'explication de ces phénomènes naturels,
dont la grandeur et la périodicité ont quelque chose de
si surprenant (1).

---

(1) Ce célèbre chimiste, peu de temps avant sa mort prématurée,
a singulièrement modifié ses idées au sujet de l'origine des volcans;
il a renoncé enfin à son hypothèse, et reconnu l'existence d'un feu
central dont les volcans ne sont qu'une dépendance. (Voir un
article extrait d'un ouvrage posthume intitulé : *Consolations en
Voyage, ou Les derniers jours d'un Phycisien*, et inséré dans
le *New Edinb. philos. Journ.*; avril 1830, p. 320, sous le titre :
Sur la Formation de la terre, par sir H. Davy.

Hypothèse de M. Gay Lussac.

M. Gay Lussac a publié, il y a quelques années, un mémoire (*Réflexions sur les Volcans; Ann. de Chim. et de Physiq.*, t. XXII, p. 415), dans lequel, après avoir discuté quelques-unes des théories proposées pour l'explication des phénomènes volcaniques, et notamment celle de sir H. Davy, il expose ses idées relativement à ce point si obscur de la géologie. Il établit en principe que la cause la plus influente de ces phénomènes est une affinité très énergique et non encore satisfaite entre des substances à laquelle un contact fortuit leur permet d'obéir, d'où résulte une chaleur suffisante pour fondre les laves et pour donner aux fluides élastiques une force capable de les élever et de les verser à la surface de la terre. Or, ces divers effets sont produits, suivant lui, par l'action de l'eau sur les chlorures des métaux des terres, et le plus ordinairement par celle de l'eau de la mer sur ces mêmes corps.

J'ai déjà démontré plus haut combien il est difficile de concevoir la communication des eaux de la mer et même celle de lacs souterrains avec les foyers volcaniques. Adoptons néanmoins, pour un instant, les idées de M. Gay Lussac à cet égard, et voyons si les conséquences qu'il en tire sont à l'abri de toute objection. L'eau, en agissant sur les chlorures métalliques, devra fournir une masse considérable d'acide hydrochlorique. La présence de cet acide dans les produits gazéiformes des cratères est bien constante, ainsi que je l'ai déjà dit, mais il s'en faut qu'il soit en aussi grande proportion que cela devrait avoir lieu s'il était réellement produit par cette cause. En outre, les chlorures métalliques des deux premières sections, mis en contact avec l'eau, à une température élevée, s'y unissent avec force, mais ne la décomposent pas. Il n'y a que le chlorure de fer qui soit dans ce cas,

Mais M. Gay Lussac avance qu'il peut se former de l'acide hydrochlorique par la réaction de l'eau sur quelque chlorure, notamment celui de sodium, s'il se trouve en présence d'oxides métalliques. On sait, d'après les expériences qui lui sont communes avec M. Thénard, que le sel marin et le sable très secs, chauffés à une température rouge, ne se décomposent pas, mais que lorsqu'on fait passer de la vapeur aqueuse sur ce mélange, il se dégage aussitôt d'abondantes vapeurs d'acide hydrochlorique. Or, les laves contiennent des chlorures, puisqu'elles en exhalent beaucoup au contact de l'air, et que MM. Monticelli et Covelli ont retiré, par de simples lavages à l'eau bouillante, plus de 9 pour cent de sel marin de la lave du *Vésuve* de 1822 ; il s'en exhale par la bouche des volcans, puisqu'on voit de très beaux cristaux dans les scories recouvrant la lave incandescente. Si, par conséquent, dit M. Gay Lussac, ces laves ont le contact de l'eau, soit dans l'intérieur du volcan, soit à la surface de la terre, par le moyen de l'air, il doit nécessairement se produire de l'acide hydrochlorique, toutes les circonstances nécessaires à sa formation, telles que présence de l'eau, des chlorures et des oxides, se trouvant réunies. Une autre source d'acide hydrochlorique et de la chaleur intense nécessaire à l'inflammation des volcans se trouve dans la réaction de l'eau sur les chlorures de fer.

« Si on prend, en effet, du protochlorure de fer qui aura été fondu, qu'on l'expose à une chaleur d'un rouge sombre, dans un tube de verre, et qu'alors on fasse arriver à sa surface un courant de vapeur d'eau, on obtiendra beaucoup d'acide hydrochlorique et du gaz hydrogène, et il restera dans le tube du deutoxide noir de fer. En employant de l'oxigène sec, au lieu de vapeur d'eau, on obtient du chlore et du peroxide de fer. L'expérience s'en fait facilement, en mélangeant le chlorure de fer avec du chlorate de potasse sec : à la plus légère chaleur, le chlore se dégage en abondance. Si on fait passer de l'air humide sur le chlorure, toujours à une température voisine du rouge, on obtient du chlore, de l'acide hydrochlorique et du peroxide de fer.

« Le perchlorure de fer se comporte d'une manière semblable. S'il rencontre de l'humidité, on obtient aussitôt de l'acide hydrochlorique, ou bien du chlore s'il rencontre de l'oxigène, et il se forme du peroxide de fer. Je conçois donc que le fer est à l'état de chlorure dans les fumées exhalées par les volcans ou par leurs laves au contact de l'air, et qu'au moyen de la chaleur, de l'eau et de l'oxigène de l'air, il se change en peroxide qui s'agrège et prend une forme cristalline en se précipitant.

« En faisant arriver du chlore sur du fil de fer de clavecin, à la température d'environ 400°, le fer devient aussitôt incandescent, mais pas à beaucoup près autant qu'avec l'oxigène. Le perchlorure est très volatil ; il cristallise par le refroidissement en petites paillettes très légères qui, à l'air, tombent presque instantanément en déliquescence. Il s'échauffe si fortement avec l'eau, que je ne serais point surpris qu'en grande masse, et avec une quantité d'eau convenable, il ne devint incandescent. Je fais cette observation pour faire sentir que si le silicium et l'aluminium étaient réellement à l'état de chlorure dans les entrailles de la terre, ils pourraient produire une température beaucoup plus élevée dans leur contact avec l'eau, puisque leur affinité pour l'oxigène est très supérieure à celle du fer. » (Gay Lussac, *loc. cit.*, p. 424.)

S'il est très vrai que le chlorure de fer se comporte avec l'eau et l'air, ainsi que l'indique M. Gay Lussac, on devrait reconnaître la présence du chlore au milieu des exhalaisons volcaniques. Personne, à ma connaissance, n'en a pourtant signalé l'existence dans ces circonstances. En outre, puisque les fumées des volcans renferment le fer à l'état de chlorure, on devrait trouver ce chlorure en beaucoup plus grande quantité que cela n'a lieu dans les environs des volcans, car une grande partie échapperait nécessairement à la décomposition et viendrait se sublimer à l'extérieur. Les chlorures métalliques qui se trouvent autour des bouches ignivômes, bien loin de provenir de l'intérieur par sublimation, paraissent, au contraire, se former sous nos yeux par la réaction de l'acide hydrochlorique libre sur les roches volcaniques.

Admettons, au reste, malgré tous ces faits contradictoires, que l'explication de M. Gay Lussac soit fondée pour les éruptions du *Vésuve* qu'il a étudiées, et même pour la plupart de nos volcans d'Europe ; mais comment expliquera-t-on celles des volcans du Nouveau-Monde, qui sont si différentes par la nature des produits qui en résultent ? Dans la majeure partie des volcans américains, dans ceux du *Japon*, de l'île de *Java*, etc., les éruptions consistent dans des torrents d'eau, de boue, de bitume, de soufre, etc. ; il n'y a ni laves, ni gaz hydrochlorique, ni sublimations de chlorures de sodium et de fer, etc. Cependant, ces grandes catastrophes s'annoncent avec les mêmes signes, sont accompagnées des mêmes phénomènes accessoires, se terminent de la même manière que celles de nos petits volcans européens. La cause qui les produit doit donc être la même que celle qui agit dans ces derniers, et alors les résultats devraient être toujours identiques. Que conclure de tout cela ? Que la théorie de M. *Gay Lussac*, suivant moi, présente trop de difficultés à l'esprit, repose sur des faits trop peu certains, pour qu'on puisse l'adopter comme l'expression de la vérité. Sans doute quelques-unes des réactions que ce savant physicien suppose devoir se passer pendant les éruptions, peuvent avoir lieu ; mais, considérer ces réactions chimiques, qui paraissent purement secondaires, comme l'origine première de ces grands bouleversements de la nature, c'est donner à des phénomènes bornés une plus grande importance qu'ils n'ont réellement, c'est enfin prendre les effets pour la cause.

Hypothèse de M. Al. Brongniart.

Cette hypothèse n'est autre chose que les deux précédentes confondues et modifiées. Son auteur pense qu'un phénomène dont les produits sont si variés peut résulter du concours de plusieurs circonstances. Il regarde comme très vraisemblable que l'eau, amenée de la surface de la terre dans son intérieur, et l'eau salée marine surtout, pénétrant, par la forte et continuelle pression qui doit résulter de ses grandes masses ou de ses grandes accumulations, à travers les innombrables fissures des rochers qui composent l'écorce du globe, fissures encore augmentées par le phénomène lui-même, arrive en contact avec des couches de la terre qui, abritées de l'action de l'air, renferment les métaux des terres et des alcalis, soit encore à l'état métallique, soit à l'état de chlorure ou de sulfure; que des eaux y sont en partie décomposées, en partie vaporisées; que ces combinaisons et décompositions rapides font naître une température assez élevée pour fondre les mélanges terreux voisins des lieux où se produit cette vive action chimique; que les gaz et vapeurs dégagés en grande abondance par toutes ces réactions, ébranlent et soulèvent l'écorce du globe, et répandent avec violence dans l'atmosphère des fluides élastiques mêlés d'eau en vapeur, de gaz hydrogène sulfuré, de gaz acide muriatique, d'acide sulfureux même. Celui-ci ne se produit probablement qu'au moment où le soufre en vapeur arrive dans les fissures et parties creuses des volcans dans lesquelles l'air atmosphérique peut avoir quelque accès; ce qui paraît expliquer, d'après M. Brongniart, pourquoi les solfatares tranquilles produisent, en général, plus de cet acide que les éruptions violentes. On conçoit donc, ainsi, à l'aide de ces idées, les causes

de ces productions , la raison de leur mélange et la difficulté que doit avoir à s'enflammer le gaz hydrogène sulfuré
mêlé d'une si grande quantité d'eau en vapeur , de gaz
acide muriatique , d'acide sulfureux et de matières pulvérulentes.

« Ces hypothèses , ainsi modifiées et combinées , ajoute
M. Brongniart , expliquent assez bien la plupart des
grands phénomènes volcaniques , les tremblements de
terre , les soulèvements du sol , le dégagement si abondant
de gaz et de vapeurs aqueuses , l'incandescence et la
fusion des laves , la présence des alcalis et de la silice en
dissolution dans les eaux minérales ; on sait que la silice
naissante est dissoluble dans l'eau , que le sulfure de silicium est décomposé par ce liquide ; elles expliquent ,
enfin , la grandeur des phénomènes , ses intermittences
ou sa continuité , suivant que l'eau a accès , rarement ,
abondamment ou partiellement, dans les parties de l'écorce
du globe où sont encore des métaux non oxidés des
terres et des alcalis , le soufre , etc. » (*Dictionnaire des
Sciences naturelles* , t. 58 , p. 442 , article *Volcans*.)

Examiner cette théorie , ce serait rentrer dans les discussions auxquelles j'ai soumis celles de sir H. Davy et
de M. Gay Lussac. Je me bornerai donc à ce simple rapport , laissant au lecteur le soin de vérifier l'exactitude des
preuves que j'ai accumulées contre ses suppositions , qu'au
premier abord on serait tenté d'adopter complètement ,
tant elles paraissent naturelles et plausibles.

Hypothèse des Vulcanistes ou Plutonistes.

Je viens de passer en revue les principales hypothèses
que l'on a successivement admises pour expliquer la formation des phénomènes volcaniques. Aucune, comme on a vu,
n'a pu nous en faire connaître définitivement la cause
immédiate ; aucune n'est l'expression réelle des faits. Ce

qui a lieu d'étonner, c'est la grande divergence d'opinions
que l'on a pu remarquer chez des hommes qui partent
des mêmes principes pour résoudre le même problème.
« Ne serait-ce pas, dit M. Cuvier, que les conditions
« du problème n'ont jamais été toutes prises en considé-
« ration : ce qui l'a fait rester jusqu'à ce jour indéterminé
« et susceptible de plusieurs solutions, toutes également
« bonnes quand on fait abstraction de telle ou telle con-
« dition ; toutes également mauvaises quand une nouvelle
« condition vient à se faire connaître, ou que l'attention
« se reporte vers une condition connue, mais négligée ?
« Pour quitter ce langage mathématique, nous dirons
« que presque tous les auteurs de ces systèmes, n'ayant
« eu égard qu'à certaines difficultés qui les frappaient plus
« que d'autres, se sont attachés à résoudre celles-là d'une
« manière plus ou moins plausible, et en ont laissé de
« côté d'aussi nombreuses, d'aussi importantes ....
« Epuisant, sur ces *difficultés*, les forces de leur esprit,
« ils croyaient avoir tout fait en imaginant un moyen
« quelconque d'y répondre ; il y a plus, en négligeant
« ainsi tous les autres phénomènes, ils ne songeaient pas
« même toujours à déterminer avec précision la mesure
« et les limites de ceux qu'ils cherchaient à expliquer. »
(Cuvier, *Discours sur les Révolutions de la surface du
Globe*, p. 53, 3ᵉ édition. 1825.)

Il me reste maintenant à exposer les idées que beaucoup de géologues de nos jours s'efforcent à répandre
relativement à l'état actuel de l'intérieur du globe, d'où
dépendraient, suivant eux, les grands effets qui boule-
versent sa surface par l'intermédiaire des bouches ignivômes. Mais, pour traiter convenablement un pareil sujet, je serai forcé de prendre les choses de plus loin,
et de rappeler les opinions de quelques naturalistes célèbres du siècle dernier. Mon intention n'est pas de vous
reproduire ici tous les systèmes qu'on a laborieusement

construits sur l'origine de notre planète et les modifications qu'elle a pu éprouver jusqu'à nos jours. Un volume
ne suffirait pas pour un tel travail, curieux sans doute,
parce qu'il nous ferait connaître la marche de l'esprit humain, et la tendance qu'il a toujours eue à se rendre
compte des faits et à les expliquer, alors même que
l'état des connaissances était insuffisant pour conduire à
un tel résultat. On peut voir l'exposition et la réfutation
d'un très grand nombre de ces systèmes dans le 3e volume
de la *Théorie de la Terre*, par J. C. Delamethérie. Il
suffira, pour mon objet, de faire connaître seulement,
en quelques mots, les deux opinions principales qui depuis
long-temps partagent le monde savant, et qui ont donné
lieu à des discussions très animées, surtout dans le dernier
siècle, où la partie spéculative de la science était, pour
ainsi dire, la seule qui fixât l'attention des esprits. C'est
par suite de ces discussions que les géologues se parta-
gèrent en deux grandes corporations, les *Neptuniens* et
les *Plutonistes*. Nous allons voir l'origine de ce schisme
scientifique en examinant les deux grands systèmes de
géogénie, qui comptent encore l'un et l'autre des partisans
très recommandables.

Dans l'origine des choses, les différentes matières qui
composent la masse de notre planète ont été fluides,
comme tout le constate. Tous les géologues s'accordent
sur ce point; mais ils diffèrent ensuite, lorsqu'il s'agit
de préciser quelle était l'espèce de fluidité dans laquelle
se trouvaient tous ces matériaux constitutifs. Les uns
veulent qu'ils aient été tenus en dissolution ou en simple
suspension dans un liquide, d'où ils se sont ensuite précipités successivement, et ont ainsi formé les diverses
couches que l'on remarque lorsqu'on creuse dans la terre :
tel est le sentiment des *Neptuniens*. Les autres soutiennent
que la fluidité, bien loin d'avoir été aqueuse, était ignée,
c'est-à-dire que le noyau primitif du globe était tenu en

liquéfaction par la chaleur, comme les substances métalliques peuvent l'être dans nos fourneaux, et que graduellement il s'est refroidi de la circonférence au centre, et
s'est consolidé : telle est l'opinion des *Plutonistes*. Une
divergence si prononcée a dû nécessairement être motivée
de part et d'autre sur des faits concluants; il faut cependant que l'erreur se trouve dans l'une ou l'autre manière
de voir; mais qui pourra diriger l'esprit dans la route
la plus sage, et lui faire apercevoir la vérité là où tout
est enveloppé d'un mystère impénétrable? L'étude cons-
ciencieuse et approfondie des faits est le seul moyen d'arriver à un tel résultat. C'est ce qui distingue notre siècle,
qui est éminemment porté vers les choses positives : aussi
n'est-ce que depuis une vingtaine d'années, tout au plus,
qu'on commence à revenir à des idées plus sages, et
que la science marche de découvertes en découvertes.

C'est donc en recueillant tous les faits, en discutant
leur valeur respective, en les comparant, qu'on peut es-
pérer d'arriver à la connaissance de ce qui s'est passé aux
premières époques de la formation du globe que nous
habitons. En agissant ainsi, les géologues de nos jours sont
parvenus à démontrer, d'une manière pour ainsi dire
rigoureuse, que l'opinion des *Plutonistes* était la seule
qui fût d'accord avec l'observation. Les idées de Buffon,
sur l'existence d'un feu central, idées qui ont été l'objet
de critiques si amères de la part des naturalistes qui l'ont
immédiatement suivi, reprennent aujourd'hui une pleine
faveur, et peuvent être rangées au nombre des vérités les
plus solidement établies. Vous savez avec quelle magie de
style Buffon a exposé son système ingénieux dans son
Discours sur la théorie de la Terre et dans ses *Epoques
de la Nature*. Je reproduirai ici ses principales idées,
avant de développer celles qui ont cours dans l'état actuel
de la science.

Cet illustre naturaliste a supposé qu'une comète, passant avec rapidité près du soleil, globe de matière embrasée et bouillonnante, avait heurté obliquement une portion de sa surface, l'avait détachée et lancée dans l'espace, et que cette portion, en se réunissant autour de divers centres, avait produit les différentes parties du système planétaire, et par suite la terre. Celle-ci était donc, au moment de sa formation, une masse en fusion. Elle se refroidit graduellement, et se consolida d'abord à sa surface ; une partie des vapeurs qui constituaient l'immense atmosphère de ce globe de feu se condensa, se réduisit en eau et forma les mers. Celles-ci attaquèrent la croûte consolidée, la délayèrent, se chargèrent des éléments par dissolution, les modifièrent, et, les laissant ensuite tomber sous forme de précipités, elles donnèrent naissance aux couches minérales. Ces mêmes mers, par leurs mouvements et par leurs courants, sillonnèrent l'écorce qu'elles venaient de produire, et formèrent ainsi les inégalités qui s'y remarquent.

Les preuves que Buffon réunit pour démontrer la validité de sa théorie, il les tire des *faits*, des *monuments* et des *traditions*. Quant aux premières, il en admet cinq, savoir : 1° la forme sphéroïdale du globe ; 2° la chaleur intérieure qui lui est propre ; 3° la plus grande intensité de cette chaleur comparée à celle qui provient du soleil, celle-ci n'étant pas suffisante pour maintenir la vie sur le globe ; 4° la nature des matières qui composent le globe, que Buffon compare à celle du verre ; 5° les coquilles ou autres corps fossiles que l'on trouve jusqu'à 1500 et 2000 toises d'élévation.

Le premier de ces faits lui démontre que le globe a été, dès son origine, dans un état de fluidité ; car s'il eût été solide, il n'eût jamais pu, malgré la rapidité de son mouvement de rotation, prendre d'autre figure que celle d'une sphère exacte. Le second fait et le troisième lui servent à prouver que cette fluidité était une liquéfaction opérée par le feu, dont la chaleur propre du globe est un reste, cette chaleur augmentant à mesure que l'on pénètre plus avant. A l'époque où Buffon écrivait, la géognosie positive n'était pas assez avancée pour qu'il pût connaître quelle était la nature des roches qui composent les couches du globe; cependant ce génie élevé n'en a pas moins avancé cette opinion, étayée aujourd'hui sur une foule d'observations, que les roches antérieures à l'existence de la vie sont le produit du feu primitif, et que beaucoup d'autres postérieures sont également dues, soit à des matières liquéfiées, soit à des roches altérées par une chaleur extrême. Le cinquième fait, l'existence de dépouilles organiques à des hauteurs considérables au-dessus du niveau actuel des mers, lui fit avancer que les eaux avaient coopéré aussi à la formation d'un certain nombre de roches qui se trouvent superposées à celles qui occupent la partie inférieure de l'écorce minérale de la terre.

Telles sont, en quelques mots, les idées de Buffon sur la manière dont notre sphéroïde a été produit et amené à l'état dans lequel il se trouve aujourd'hui. Elles ne lui appartiennent pas toutes cependant. L'opinion que le centre de la terre, par exemple, conserve encore un reste de la chaleur qu'il avait primitivement, a été avancée, pour la première fois, par Whiston (*A new Theory of the Earth;* Londres, 1708), sur des suppositions entièrement fausses, il est vrai; mais enfin les observations subséquentes sont venues la confirmer. Leibnitz, à l'imitation de Descartes, a émis, en 1683, un système dont celui de Buffon n'est guère qu'un développement; en effet, il a considéré les planètes comme autant de petits soleils qui, après avoir brûlé long-temps, ont fini par s'éteindre, faute de matières combustibles, et sont ainsi devenus des corps opaques. Aussi le feu a-t-il, par la fonte des matières, produit, selon lui, une couche vitrifiée, et tous les corps qui se trouvent à la surface des planètes sont, ou du verre réduit en parties très tenues comme le sable, ou du verre mêlé aux sels fixes et à l'eau. Lorsque la surface de la terre fut refroidie, une très grande quantité d'eau qui avait été réduite en vapeurs retomba et forma les mers, qui déposèrent ensuite les terrains calcaires. (*Protogæa. Act. Lips.*, 1683; Gott., 1749.) Néanmoins, Buffon étant le premier qui ait appuyé ses idées spéculatives sur des faits authentiques, et qui se soit aidé de l'observation, on doit le considérer comme le véritable fondateur du vulcanisme primitif, et lui réserver tout l'honneur d'une théorie que tout concourt maintenant à établir rigoureusement (1).

Parmi les naturalistes qui, après Buffon, se sont occupés de rechercher les causes premières qui ont présidé à la formation de notre planète, plusieurs ont adopté ses idées ou professé des opinions qui s'en rapprochent sur plusieurs points. De ce nombre sont Hutton et Playfair (*Illustrations of the Huttonian Theory of the Earth;* Edimb., 1802), Dolomieu, Lagrange, Laplace, le baron Fourier, MM. de Férussac, Cordier, Von Hoff (2), H. Davy, de Humboldt, Merian (*Sur la chaleur intérieure de la terre; Wissench. Zeitschrift;* Bâle, 1823, 4e cahier, p. 82), etc., etc.

Mais, de tous les géologues contemporains, M. le baron

----

(1) Le comte de Lacépède a reproduit récemment la théorie de Buffon, en la modifiant un peu. Son ouvrage posthume se fait lire avec le plus vif intérêt. (*Les Ages de la nature, et Histoire de l'espèce humaine;* 2 vol. in-8°. Paris, 1830, Levrault.)

(2) *Geschichte der durch Ueberlieferung nachgewiesenen natürlichen Veranderungen der Erd-Oberflæche. — Recherches sur les changements de la surface de la terre, dont les preuves se trouvent dans les documents historiques;* par M. Von Hoff; 2 vol. in-8°. Gotha.

de Férussac est celui qui a le plus contribué à faire revivre
les opinions de Buffon, ou du moins celle d'un vulcanisme
primitif. Depuis une douzaine d'années, il a constamment di-
rigé ses recherches dans ce but, et a obtenu le plus beau de
tous les résultats, celui d'avoir convaincu les esprits à l'aide
de faits précis et multipliés; et d'avoir enfin ramené les naturalistes sous l'empire des lois naturelles qui régissent l'ensemble de l'univers. Ce savant, qui s'est tant occupé de l'histoire des coquilles de terre et d'eau douce, s'est efforcé de
l'appliquer à l'histoire des révolutions du globe. Il a présenté, en 1821, à l'Académie royale des Sciences, une suite
de mémoires géologiques sur les terrains tertiaires, particulièrement sur les dépôts de lignites et sur les coquilles fluvia-
tiles qui les accompagnent. Voici les conclusions qui résultent des faits observés par lui et par les autres géologues.

Toutes les formations tertiaires qu'il a décrites sont lo-
cales. La succession des divers dépôts marins ou d'eau
douce est le plus souvent différente dans des bassins
contigus. Les débris de l'ancienne végétation du globe
couvrent des parties considérables de sa surface; on en
trouve à toutes les hauteurs et à toutes les latitudes.
Cette dernière observation prouve qu'à des élévations où
à un degré de température qui ne permettent plus aujourd'hui à la végétation de se développer, elle était autrefois très forte; ses débris montrent qu'elle était analogue
à celle qui couvre actuellement la zône où nous vivons,
tandis que les débris des végétaux renfermés dans les parties
basses de notre sol, sont, au contraire, analogues à la végétation actuelle de la zône torride. M. de Férussac en
tire cette conséquence évidente que la température de la
surface de la terre a notablement changé; qu'il y a eu
un refoulement de la végétation des parties élevées
vers les parties moyennes, et de celles-ci vers les parties
basses; enfin que l'anéantissement des races d'animaux
perdues est dû aux mêmes causes qui ont fait changer

la végétation , c'est-à-dire à l'abaissement de la température et à celui des eaux.

M. Crichton , dans ces dernières années , a reproduit
en partie les idées de M. de Férussac , sans toutefois
faire mention des travaux de ce dernier savant. Le mémoire qu'il a publié à ce sujet est très intéressant, en ce
qu'il prête un nouvel appui aux explications que M. de
Férussac a données sur les phénomènes les plus curieux
qui se sont passés à la surface du globe à des époques
très reculées de nous. (*Sur la température du monde anté-
diluvien, sur son indépendance de l'influence solaire, et sur
la formation du granite* , par sir Alex. Crichton ; *Annals
of Philos.* , février , p. 97, et mars 1825, p. 267). M. le
professeur Schouw , de Copenhague , pénétré des mêmes
opinions que les deux naturalistes précédents, s'est efforcé,
de son côté , d'en démontrer la justesse , en réunissant un
grand nombre de preuves relativement à la température
plus élevée qui a dû régner dans les zones tempérées à
une époque bien antérieure à l'apparition de l'homme à
la surface de la terre. (Voyez *Analyse des Mémoires du
professeur Schouw , de Copenhague , sur la température ;
OErsted oversigt over detck. Donske Videnskabs selskabs
forhandl* , 1824.)

M. Adolphe Brongniart, qui, dans ces derniers temps ,
s'est livré avec un très grand succès à l'étude des végétaux
fossiles , et qui a tant contribué à augmenter les connaissances que nous possédions déjà sur ces restes de
l'ancien monde, grâces aux travaux de Scheuchzer , de
MM. de Schlotheim , de Sternberg , Rhode , Martius ,
Parkinson , Artis , Nilson , Agardh et Steinhauer , M.
Ad. Brongniart , dis-je , a tiré de ses recherches les
mêmes conséquences que celles présentées par MM. de
Férussac , Crichton et Schouw. Ce jeune et laborieux
naturaliste s'est efforcé de reconnaître quelle était la
répartition et la nature des végétaux à la surface du globe ,

aux diverses époques de sa formation , et , par la comparaison des caractères de la végétation souterraine propre
aux différents terrains , il a été conduit à établir quatre
périodes bien distinctes pendant chacune desquelles la
végétation a conservé les mêmes caractères essentiels , tandis
que ces caractères sont totalement différents quand on
passe d'une période ou d'une groupe de formation à un
autre.

La première période , la plus ancienne , comprend
l'espace de temps qui s'est écoulé depuis la formation des
premiers terrains de transition jusqu'après le dépôt du
terrain houillier. Les grandes couches de houille peuvent
être regardées comme le résultat de la destruction de cette
végétation primitive de la terre. Cette première période
est caractérisée essentiellement par l'immense prédominance numérique des cryptogames vasculaires, c'est-à-dire
des fougères , des prêles , des lycopodes , et le grand deve-
loppement de ces plantes. Ainsi , à cette époque , il y
avait des prêles de plus de dix pieds de haut et de cinq
à six pouces de diamètre ; des fougères en arbre de quarante
à cinquante pieds d'élévation , et des lycopodiacées arbores-
centes de soixante à soixante-dix pieds de haut. Ces faits , et
l'analogie de cette végétation avec celle des régions les plus
chaudes et les plus humides de l'Amérique équinoxiale
et des îles de l'Archipel d'Asie , nous portent à conclure
qu'à l'époque de la formation des houilles , 1° la surface
découverte de la terre ne formait que des îles ou des
archipels épars au milieu d'une vaste mer sans grands
continents ; 2° que la température de ces îles était beaucoup plus élevée que ne l'est aujourd'hui celle d'aucun
lieu de la terre , et de plus , comme partout les végétaux
fossiles de la première période présentent à peu près
les mêmes caractères , nous devons en inférer que cette
température plus élevée était répandue plus uniformément
sur toute la surface du globe. L'ancienneté des terrains

dans lesquels se rencontrent les végétaux propres à cette époque, prouve, ce que d'ailleurs on aurait pu admettre à *priori*, que la vie a commencé, sur la terre, par le règne végétal. Pendant tout l'intervalle compris entre le commencement et la fin de la période en question, les invertébrés seuls vivaient sur les terrains mis à découvert : il est douteux que les mers renfermassent des poissons.

La seconde période répond à l'époque de formation du grès bigarré : elle est essentiellement caractérisée par l'égalité numérique des cryptogames vasculaires, des phanérogames gymnospermes représentés par les conifères, et des monocotylédones, ainsi que par le moindre développement de ces végétaux, ce qui indique déjà un abaissement sensible dans la température regnante.

La troisième période commence au dépôt du calcaire conchylien (*muschelkalk*) ou du grès qui le recouvre immédiatement (*keuper*), et s'étend jusqu'à la craie. Elle se distingue particulièrement des deux autres par la prédominance des phanérogames gymnospermes, et surtout des cycadées ; les cryptogames vasculaires tiennent le second rang ; puis viennent quelques monocotylédones très peu nombreuses. Pendant ce temps, aucun mammifère terrestre ne paraît avoir existé sur la terre, qui n'était habitée que par les grands reptiles, au nombre desquels se trouvaient ces *plesio-saurus*, ces *ptérodactyles*, ces *ichtyo-saurus*, que la nature avait organisés pour le vol et pour la natation. La température avait donc encore subi une diminution considérable.

La quatrième période, enfin, comprend tous les terrains supérieurs à la craie, désignés ordinairement sous le nom de terrains tertiaires. Elle présente des végétaux de toutes les classes actuellement existantes, parmi lesquelles, comme à l'époque actuelle, les dicotylédones sont de beaucoup les plus nombreuses, puis les monocotylédones, les phanérogames gymnospermes et en dernier rang les cryptogames et les agames. C'est pendant cette période qu'ont vécu d'abord des *palæotherium*, des *anoplotherium* et autres genres perdus aujourd'hui, dont on doit la connaissance au célèbre M. Cuvier, puis des éléphants, des rhinocéros, et autres races contemporaines. La végétation de cette dernière période était donc la même que celle de l'époque actuelle; mais les plantes qui couvraient alors le sol des régions septentrionales n'étaient pas celles qui l'embellissent aujourd'hui; elles appartenaient presque toutes à des familles propres actuellement aux régions équinoxiales : tels sont les palmiers, les lauriers, les mélastomes, et autres végétaux qui ne peuvent être rapprochés que de genres exotiques des pays chauds. On a trouvé à *Montmartre* des troncs de palmiers et d'autres arbres monocotylédonés; on a rencontré des feuilles des mêmes arbres dans les platrières d'*Aix* et dans la molasse des environs de *Lausanne*. Ainsi, à l'époque où les animaux de Montmartre (*palæotherium* et *anoplotherium*), vivaient aux environs de Paris, le même sol nourrissait des palmiers. Ces deux circonstances réunies annoncent déjà d'une manière évidente un climat plus chaud que celui que nous supportons actuellement, quoique moins brûlant que celui des régions équatoriales.

Ainsi, en résumant ce qui est relatif à la végétation de la terre, dans les quatre grandes périodes admises par M. Ad. Brongniart, on la voit d'abord simple comme l'organisation du règne animal aux mêmes époques, et dans ses caractères on retrouve la preuve de cette température élevée qui a été, sans aucun doute, celle de la terre au moment où se déposaient les couches les plus anciennes des terrains de transport. La distribution des familles et des genres nous représente les premières terres mises à nu comme des îles sortant à peine du vaste océan primitif, qui n'a formé que plus tard nos terrains tertiaires. Dans la deuxième période, les plantes commencent à varier ; on peut déduire de la présence d'une fougère arborescente dans les terrains de cette époque (grès bigarré), que la température régnante était encore bien plus élevée que celle de nos climats, et analogue probablement à celle des régions intertropicales. A la troisième période, la végétation se complique et se modifie dans un sens qui la rapproche, sous tous les rapports, de ce qu'elle deviendra dans la quatrième. Elle indique une plus grande étendue de terre sortie de l'océan, une température moins élevée, des genres de végétaux qui se rapprochent de ceux qui prédominent maintenant, surtout de ceux qui croissent dans les régions équatoriales. A la quatrième période apparaissent enfin des monocotylédones et des dicotylédones ; les végétaux sont encore plus variés, plus parfaits ; mais les analogues de ceux qui ont existé les premiers sont réduits à une taille bien moindre ; c'est aussi l'époque de l'apparition des animaux les plus parfaits, des animaux à respiration aérienne, des mammifères et des oiseaux : tout annonce une température plus modérée, en un mot, un état de choses qui se rapproche de plus en plus de l'état actuel.

(*Considérations générales sur la nature de la végétation qui couvrait la surface de la Terre aux diverses époques de formation de son écorce* ; par M. Ad. Brongniart ; *Annales des Sciences naturelles*, t. 15, p. 225).

Une des preuves les plus convaincantes que la terre a une chaleur propre, chaleur qui va successivement en augmentant à mesure que l'on va de la circonférence vers le centre, est celle que l'on tire des expériences faites dans les mines ou dans toute excavation profonde. Il n'y a encore qu'une trentaine d'années qu'on pensait généralement que la température, dans l'intérieur du globe, était constante et égale, au moins dans nos latitudes moyennes, à 12° environ. Cependant, déjà depuis long-temps, Gensanne, directeur des mines de *Giromagny*, dans les Vosges (*Dissertation sur la Glace*, par Mairan; Paris, 1749, in-12, p. 60 et suiv.), et Saussure (*Voyage dans les Alpes*, § 1088), avaient démontré, par des expériences directes, qu'il y avait accroissement de chaleur en raison directe de la profondeur. Mais ces premiers essais ne firent aucune impression sur les géologues d'alors, qui contestaient l'exactitude de ces observations, ou les considéraient comme des phénomènes purement locaux. M. d'Aubuisson de Voisins, un des élèves les plus distingués de Werner, fit, il y a 25 ans, des observations aux mines de *Freyberg* en *Saxe*, avec un soin particulier, et dans des circonstances variées, et le résultat obtenu fut que l'accroissement de température indiqué par le thermomètre ne pouvait être attribué qu'à un accroissement de chaleur dans la masse minérale au milieu de laquelle on s'enfonçait. (*Journal des Mines*, t. 11, p. 517; t. 13, p. 113. — *Des Mines de Freyberg et de leur exploitation*, t. 3, p. 151, 186 et 200.)

En 1791, MM. Freisleben et de Humboldt avaient recueilli des faits analogues dans les mines de *Saxe* (*Annales de Chimie et de Physique*, t. 13, p. 210). Plus tard, en 1805, M. Trebra, directeur général des mines du même pays, fit faire de nouvelles expériences dans le même sens, et avec des précautions inusitées jusqu'alors. Il fit placer deux thermomètres dans des niches pratiquées à cet effet dans la roche, à la mine de *Beschertglück*, derrière un châssis vitré et une petite porte; l'un à 180 mètres de profondeur, et l'autre à 260. Ils furent observés régulièrement trois fois par jour, pendant deux ans, et ils indiquèrent toujours le même degré, sans la moindre variation, le premier se tenant à 11° 1/4, et le second à 15°. M. Trebra tira de ces expériences et de plusieurs autres faites dans d'autres mines de *Freyberg*, la conclusion que la température augmente d'un degré

par 38 mètres de profondeur , et que cette température
croissante est essentiellement propre à l'intérieur de la terre,
puisque les expériences furent faites dans des roches de
gneis , lesquelles ne contenaient ni beaucoup de pyrites ,
ni d'autres substances susceptibles d'élever la température ,
par suite d'une action chimique , les unes sur les autres.
D'après M. d'Aubuisson de Voisins , cette augmentation
de chaleur serait d'un degré par 37 mètres environ d'enfoncement , 35 au moins. Des observations faites en très-
grand nombre en Angleterre , depuis 1815 jusque dans
ces dernières années , dans les mines de plomb et de
cuivre de *Cornouailles* et du *Devonshire* , et dans les
houillères du Nord (*Ann. de Chimie et de Physique* , t. 13 ,
p. 200 ; t. 16, p. 78 ; t. 19 , p. 438 ; t. 21 , p. 308.
— *Geographical distrib. of Plants* , by N. J. Winch ,
p. 51. — *Transact. de la Société royale géologique de
Cornouailles* , vol. 3 , p. 150 ; p. 313) , celles faites
plus anciennement par M. de Humboldt , dans plusieurs
mines du Mexique et du Pérou (*Ann. de Chimie et de
Physique* , t. 13 , p. 207) , etc., ont conduit au même
résultat.

M. Arago , en prenant la température de l'eau des
sources dites *Artésiennes* , de celles qui viennent de profondeurs considérables , et qui , d'après la loi commune
de l'équilibre de la chaleur , ne peuvent manquer de
donner très exactement la température des couches dans
lesquelles elles ont séjourné , a confirmé pleinement les
observations des géologues que je viens de citer , et la
loi qu'ils ont déduite sur l'élévation constante de la chaleur.

La chaleur élevée qu'ont beaucoup de sources thermales qui sourdent des roches primitives , est donc due
à la température propre des couches qu'elles traversent.
Quelques auteurs ont prétendu qu'on devait en chercher
la cause dans des phénomènes chimiques , dans des réactions
moléculaires ; mais cette opinion ne s'appuye sur aucun

fait plausible. Parce que des eaux, coulant dans l'intérieur de mines où se trouvent des pyrites, doivent leur chaleur à la décomposition de celles-ci au contact de l'air, est-ce une raison pour que celles qui sortent des terrains primordiaux, où en général on ne rencontre plus, ou que fort rarement, de pareilles substances minérales, soient élevées en température par la même cause? D'ailleurs, l'influence limitée et variable d'une telle cause, comparée à la permanence et à la grandeur de l'effet, démontre assez son insuffisance. Ce qui tend encore à faire rejeter cette opinion, c'est qu'on voit les eaux qui sortent des terrains trachytiques et des terrains volcaniques, tant anciens que modernes, présenter les mêmes circonstances de température et de composition que celles qu'on remarque dans les eaux qui proviennent des granites et autres roches primordiales. Il est évident que le même effet est produit par la même cause, c'est-à-dire par la chaleur centrale et progressive de l'intérieur du globe.

Les géologues qui admettent l'idée d'une fluidité aqueuse ne peuvent expliquer, d'aucune manière raisonnable, la formation des roches cristallines primordiales, telles que les granites, les gneis, les porphyres, les euphotides, etc. Les plus simples expériences démontrent l'impossibilité de tenir en dissolution des matières de cette nature; et, si elles n'étaient que suspendues dans le liquide aqueux, comment peut-on concevoir leur structure cristalline? Embarrassés par toutes ces difficultés, presque tous les partisans de la fluidité aqueuse ont été obligés d'admettre que le liquide primitif renfermait des agents inconnus capables de dissoudre les substances les plus insolubles. Ainsi, les uns ont prétendu que c'était l'acide fluorique qui avait servi de dissolvant général (Razumowski); d'autres ont avancé que c'était une matière de nature inconnue qui avait disparu au moment où les roches s'étaient précipitées (Dolomieu); d'autres enfin ont supposé que le dissolvant général qui donnait à l'eau l'activité nécessaire pour dissoudre toutes les substances minérales, est entré en quelque combinaison avec celles qui se sont précipitées. Quelques-uns, au lieu d'une dissolution complète, ont admis un simple mélange entre l'eau et les substances qui formaient la partie solide de la terre : suivant eux, et Kirvan est à leur tête, le globe aurait été, dans son origine, une masse liquide dans laquelle les molécules destinées à former les solides étaient suspendues dans une boue hétérogène qui contenait les éléments de tout ce qui a existé depuis ; l'eau de cette boue était chaude ; cette masse fangeuse, décorée du nom de *fluide chaotique*, formait dans son tout un composé plus compliqué que quelque autre que ce fût, et dont les parties se sont précipitées en raison de leur densité spécifique, c'est-à-dire, les plus pesantes les premières, et ensuite les plus légères, qui ont formé l'écorce du globe. (Voyez l'exposition détaillée du système de Kirvan, dans le tome 9 de la *Bibliothèque Britannique*).

Je ne chercherai pas à réfuter sérieusement ces diverses opinions, qui ne reposent que sur des suppositions purement gratuites, et sont en opposition avec les plus simples lois de la chimie et de la physique. Toutes ces difficultés, et tant d'autres qu'entraîne l'hypothèse d'une fluidité aqueuse, disparaissent quand on substitue à celle-ci celle de la fluidité ignée. Tout le monde sait qu'il n'est aucune substance qui résiste à l'action de la chaleur ; toutes peuvent être fondues, soit à l'aide de moyens ordinaires, soit à l'aide d'appareils particuliers ; dans cet état, elles conservent pendant fort long-temps une haute température, et à mesure que celle-ci diminue, leurs molécules se rapprochent et prennent une forme cristallisée très-régulière. La structure des roches primordiales, l'analogie qu'elles présentent avec celles qui se forment journellement sous nos yeux dans le travail des volcans, les expériences récentes de plusieurs chimistes , qui ont formé de toutes pièces des minéraux, par l'action d'une température élevée exercée sur les éléments constitutifs de ces matières , tout démontre d'une manière évidente que les couches qui composent la partie inférieure du globe ont été , dans l'origine des choses , tenues en fusion à l'aide de la chaleur. « Il est presqu'inutile , dans l'état actuel des sciences « physiques , dit un géognoste dont le nom fait autorité, « de rappeler combien l'hypothèse d'une solution aqueuse « est peu applicable aux granites et aux gneis, aux por- « phyres et aux siénites , aux euphotides et aux jaspes. « Je ne hasarderai pas de prononcer ici sur les circons- « tances qui peuvent avoir accompagné la première for- « mation de la croûte oxidée de notre planète ; mais je « n'hésite pas à me ranger du côté des géognostes qui « conçoivent plutôt la formation des roches cristallines « siliceuses par le feu , que par une solution aqueuse, « à la manière des travertins et d'autres calcaires la- « custres. » Telles sont les propres expressions du célèbre Humboldt. (*Essai géognostique sur le gisement des roches dans les deux hémisphères* , 2ᵉ édition , p. 3o6. 1826.) Mais, à ces faits purement géologiques, à ces observations en rapport avec nos connaissances actuelles en chimie , et qui suffiraient seules pour attester l'existence du feu central, on peut ajouter d'autres preuves d'autant plus fortes qu'elles sont appuyées sur des calculs et des lois de la physique. M. Fourier, qui, dans ces derniers temps , a donné une théorie analytique très savante de la propagation de la cha- leur dans les corps solides, en a fait une heureuse applica- tion aux questions relatives à la température du globe ter- restre. Le mémoire de ce célèbre académicien confirme trop bien tout ce que j'ai dit jusqu'à présent, pour que je résiste au plaisir d'en exposer les principales données.

Suivant M. Fourier, la chaleur terrestre dérive de trois sources : 1° La terre est échauffée par les rayons solaires , dont l'inégale distribution produit la diversité des climats ; 2° elle participe à la température commune des espaces planétaires, étant exposée à l'irradiation des astres innombrables qui environnent de toutes parts le système solaire ; 3° la terre a conservé dans l'intérieur de sa masse une partie de la chaleur primitive qu'elle contenait lorsque les planètes ont été formées. M. Fourier examine ensuite séparément chacune de ces trois causes, et les phénomènes qu'elle produit. Je ne le suivrai pas dans cet examen : je n'en présenterai que les considérations les plus importantes pour la géologie.

« L'opinion d'un feu intérieur, dit M. Fourier, cause « perpétuelle de plusieurs grands phénomènes, s'est re-« nouvelée dans tous les âges de la philosophie. La forme « du sphéroïde terrestre, la disposition régulière des couches « intérieures rendue manifeste par les expériences du « pendule, leur densité croissant avec la profondeur, et « diverses autres considérations, concourent à prouver « qu'une chaleur très intense a pénétré autrefois toutes « les parties du globe. Cette chaleur se dissipe par l'irra-« diation dans l'espace environnant, dont la température « est très inférieure à celle de la congélation de l'eau. « Or, l'expression mathématique de la loi du refroidisse-« ment montre que la chaleur primitive contenue dans « une masse sphérique d'une aussi grande dimension que « la terre, diminue beaucoup plus rapidement à la superficie « que dans les parties situées à une grande profondeur. « Celles-ci conservent presque toute leur chaleur durant « un temps immense ; et il n'y a aucun doute sur la « vérité des conséquences, parce que nous avons calculé « ces temps pour des substances métalliques plus con-« ductrices que les matières du globe. Mais il est évident « que la théorie seule ne peut nous enseigner quelles « sont les lois auxquelles les phénomènes sont assujétis. « Il reste à examiner si, dans les couches du globe où

« nous pouvons pénétrer, on trouve quelque indice de
« cette chaleur centrale. Il faut vérifier, par exemple,
« si au-dessous de la surface, à des distances où les
« variations diurnes et annuelles ont entièrement cessé,
« les températures des points d'une verticale prolongée
« dans la terre solide, augmentent avec la profondeur :
« or, toutes les observations qui ont été recueillies et
« discutées par les plus savants physiciens de nos jours,
« nous apprennent que cet accroissement subsiste : il a
« été estimé d'environ un dégré pour trente ou quarante
« mètres. Les expériences dont on a entretenu récemment
« l'Académie, et qui concernent la chaleur des sources,
« confirment les résultats précédemment observés, etc.
« .... Il est facile de conclure, et il résulte
« d'ailleurs d'une analyse exacte, que l'augmentation de
« température dans le sens de la profondeur ne peut être
« produite par l'action prolongée des rayons du soleil.
« La chaleur émanée de cet astre s'est accumulée dans
« l'intérieur du globe ; mais le progrès a cessé presque
« entièrement ; et si l'accumulation continuait encore,
« on observerait l'accroissement dans un sens précisément
« contraire à celui que nous venons d'indiquer. La cause
« qui donne aux couches plus profondes une plus haute
« température est donc une source intérieure de chaleur
« constante ou variable, placée au-dessous des points
« du globe où l'on a pu pénétrer. Cette cause élève la
« température de la surface terrestre au-dessus de la
« valeur que lui donnerait la seule action du soleil. Mais
« cet excès de la température de la superficie est devenu
« presque insensible, et nous en sommes assurés, parce
« qu'il existe un rapport mathématique entre la valeur
« de l'accroissement par mètre, et la quantité dont
« la température de la surface excède encore celle
« qui aurait lieu si la cause intérieure dont il s'agit
« n'existait pas. C'est pour nous une même chose de

« mesurer l'accroissement par unité de profondeur , ou
« de mesurer l'excès de température de la surface. —
« Lorsqu'on examine attentivement, et selon les principes
« des théories dynamiques, toutes les observations relatives
« à la figure de la terre , on ne peut douter que cette
« planète n'ait reçu à son origine une température très
« élevée ; et, d'un autre côté , les observations thermo-
« métriques montrent que la distribution actuelle de la
« chaleur dans l'enveloppe terrestre est précisement celle
« qui aurait lieu si le globe avait été formé dans un
« milieu d'une très haute température , et qu'ensuite il
« se fût continuellement refroidi. Il importe de re-
« marquer cet accord des deux genres d'observations.
« — La question des températures terrestres nous a
« toujours paru un des plus grands objets des études cos=
« mologiques , et nous l'avions principalement en vue en
« établissant la théorie mathématique de la chaleur. »

Enfin M. Fourier conclut :

« 1° Que le refroidissement, et par suite la progression
« croissante de la chaleur à mesure qu'on s'enfonce, a
« été autrefois beaucoup plus rapide qu'elle ne l'est au-
« jourd'hui ;

« 2° Qu'il faut plus de trente mille ans pour que la
« raison de la progression diminue de moitié , c'est-à-dire
« qu'elle ne soit plus que d'un demi-degré par trente
« mètres ;

« 3° Que l'effet de la chaleur interne est maintenant
« presque nul à la surface du globe ; qu'il n'y élève pas
« le thermomètre d'un trentième de degré ;

« 4° Que , depuis près de deux mille ans, cet effet
« n'y a pas diminué d'un trois-centième de degré , et
« que nous retrouvons encore ici ce caractère de sta-
« bilité que présentent tous les grands phénomènes de
« l'univers. »

(*Remarques générales sur la Température du globe ter-*

restre et des espaces planétaires, par M. le baron Fourier ; *Annales de chimie et de physique*, octobre 1824, p. 136.)

Malgré cet accord inattendu des faits géologiques, des observations directes et des théories physico-mathématiques, malgré un tel ensemble de témoignages en faveur d'une hypothèse que tout concourt à placer au rang des vérités les plus inébranlables, beaucoup de naturalistes très distingués professent encore les idées de Werner ; mais leur nombre diminuera progressivement à mesure que de nouvelles expériences, de nouvelles observations, loin de détruire la croyance des vulcanistes, viendront la fortifier de leur appui. Chaque jour amène des conversions de ce genre, et je pourrais citer plusieurs géologues qui, de neptuniens très prononcés, sont devenus tout-à-coup vulcanistes, et vulcanistes exclusifs, car il est des esprits pour qui l'exagération est un besoin.

Les preuves que j'ai rassemblées en faveur de l'opinion d'un vulcanisme primitif, seraient suffisantes, sans doute, pour entraîner la conviction ; mais comme, dans une pareille discussion, on ne saurait apporter trop de faits et surtout démontrer l'exactitude et la vérité de ceux qu'on met en avant, je citerai ici les recherches récentes que l'on doit à l'un de nos plus habiles géognostes, M. Cordier.

Dans un savant mémoire lu en 1827 à l'Institut, M. Cordier examine toutes les observations faites sur la température souterraine par les divers physiciens qui l'ont précédé, discute la valeur de toutes les objections que l'on avait proposées, et établit sur de bonnes preuves la vérité du principe général. Le nombre des mines dans lesquelles ces expériences ont été faites dans beaucoup de pays, est, suivant M. Cordier, de plus de quarante, et celui des notations de température d'environ trois cents. Les unes ont été faites sur l'air, d'autres sur l'eau et sur les rocs, dans les cavités naturelles ou artificielles, et elles ont été poussées jusqu'à des profondeurs de 4 à 500 mètres. Ce géologue établit avec un grand soin les causes de perturbations qui peuvent affecter les observations de ce genre, détermine le degré d'influence que peuvent avoir les causes particulières à certaines localités, et conclut que les observations publiées jusqu'à ce jour ont un mérite réel, une valeur effective et incontestable, quoiqu'elles laissent beaucoup à désirer à certains égards.

Afin d'éviter les causes d'inexactitude que l'on peut reprocher à ces observations, M. Cordier a entrepris une série d'expériences nouvelles et directes, faites avec toutes les précautions imaginables, dans plusieurs houillères de France fort éloignées les unes des autres, telles que celles de *Carmeaux* (Tarn), de *Litry* (Calvados) et de *Decise* (Nièvre). Voici les conclusions que ces expériences lui ont permis de tirer :

1° Elles confirment pleinement l'existence d'une chaleur interne qui est propre au globe terrestre, qui ne tient pas à l'influence des rayons solaires, et qui croît rapidement avec les profondeurs.

2° L'augmentation de la chaleur souterraine ne suit pas la même loi par toute la terre ; elle peut être double, ou même triple, d'un pays à un autre.

3° Ces différences ne sont en rapport constant, ni avec les latitudes, ni avec les longitudes.

4° Enfin l'accroissement est certainement plus rapide qu'on ne l'avait supposé ; il peut aller à un degré par 15 et même 13 mètres, en certaines contrées : provisoirement le terme moyen ne peut pas être fixé à moins de 25 mètres (1).

---

(1) M. Kupffer, membre de l'Académie de Saint-Pétersbourg, vient de faire, dans ces derniers temps, un certain nombre d'observations sur la température de l'intérieur de la terre, dans un

De ces faits, sur l'exactitude desquels on ne saurait élever aucun doute, puisqu'ils sont dûs à un homme aussi habile et aussi consciencieux, M. Cordier en tire des applications nombreuses et importantes à la théorie de la terre. Forcé de me restreindre, je me bornerai à présenter un résumé des inductions principales qu'il émet.

1° Tous les phénomènes observés, d'accord avec la théorie mathématique de la chaleur, annoncent que l'intérieur de la terre est pourvu d'une température très élevée qui lui est particulière et qui lui appartient de-

---

voyage aux monts Ourals. En constatant la température de sources sortant de profondeurs variables, et comparant cette température à celle de l'air des mêmes contrées, ce naturaliste a trouvé un accroissement de chaleur plus rapide que celui indiqué par M. Cordier, puisqu'il évalue le terme moyen de cet accroissement à 1 degré centésimal par 20^m 20^c. (*Mémoire sur la température moyenne de l'air et du sol dans quelques points de la Russie orientale*, lu à l'Acad. des Sciences de Saint-Pétersbourg, le 18 février 1829 ; *Ann. de Chimie et de Physique*, t. 42, p. 367.)

M. Fleuriau de Bellevue, en surveillant le percement d'un puits artésien, à *la Rochelle*, a fait plus récemment encore quelques expériences sur la température de l'eau provenant de ce puits comparée à la température moyenne du pays. Le puits creusé dans la partie moyenne de la formation jurassique, avait 105^m 33, et plus tard 123^m 16 de profondeur, lorsqu'il entreprit ses expériences. Le thermomètre marqua 18° 12 à la dernière profondeur indiquée ; la température moyenne de l'air, à 6 mètres au-dessus du sol, étant de 11° 87. Il résulte de ces observations que l'eau du puits ayant, à 123^m 16 de profondeur, une chaleur supérieure de 6° 25 à la température moyenne de la contrée, l'accroissement de cette chaleur est d'un degré centigrade au moins par 19^m 71 de profondeur, terme plus faible encore que celui indiqué par M. Kupffer. (*Notice sur la température d'un Puits artésien entrepris, en 1829, près des Bains de mer de la Rochelle*, lue à la Société philomatique, le 10 avril 1830, par M. Fleuriau de Bellevue, correspondant de l'Acad. des Sciences ; *Bulletin des Sciences naturelles et de Géologie*, t. 21, N° d'avril 1830, p. 20.)

puis l'origine des choses ; et, d'un autre côté, le volume de la masse terrestre étant infiniment plus considérable que celui de la masse des eaux (environ dix mille fois plus grand), il est extrêmement vraisemblable que la fluidité dont le globe a incontestablement joui avant de prendre sa forme sphéroïdale , était due à la chaleur.

2° Cette chaleur était excessive , car celle qui actuellement pourrait exister au centre de la terre , en supposant un accroissement continu de 1 dégré pour 25 mètres de profondeur, excéderait 3,500° du pyromètre de Wedgwood (plus de 250,000° centigrades).

3° On doit admettre que la température de 100° du pyromètre de Wedgwood , température qui serait capable de fondre toutes les laves et une grande partie des roches connues , existe à une profondeur très petite , eu égard au diamètre de la terre , et par exemple que cette profondeur est de moins de 55 lieues de 5 mille mètres à *Carmeaux* , de 30 lieues à *Litry* , et de 23 lieues à *Decise* , nombres qui correspondent à 1/23 , à 1/42 et 1/55 du moyen rayon terrestre.

4° Tout porte donc à croire que la masse intérieure du globe est encore douée maintenant de sa fluidité originaire , et que la terre est un astre refroidi , qui n'est éteint qu'à sa surface , ce que Descartes et Leibnitz avaient pensé.

5° Si on considère , d'une part , la généralité que les observations de Dolomieu sur le gisement des foyers d'éruption (rapport sur ses voyages en 1797 , *Journal des Mines* , 7 , p. 385) , et nos expériences sur la composition des laves , ont donnée aux phénomènes volcaniques (*Recherches sur différents produits volcaniques ; Journal des Mines* , t. 21 , p. 249 , et t. 23 , p. 55. — *Mémoire sur la composition des laves de tous les âges ; Journ. de physique* , t. 83 , p. 135), et de l'autre la grande fusibilité des matières que tous les volcans de la terre rejettent actuellement et même depuis long-temps , on devra penser que

la fluidité intérieure commence, du moins sur beaucoup
de points, à une profondeur notablement moindre que
celle où réside la température de 100° du pyromètre de
Wedgwood.

6° L'écorce de la terre, abstraction faite de cette pellicule
superficielle et incomplète qu'on nomme *sol secondaire*,
s'étant formée par refroidissement, il s'ensuit que la consolidation a lieu de l'extérieur à l'intérieur, et par conséquent que les couches du sol primitif les plus voisines
de la surface sont les plus anciennes. En d'autres termes,
les terrains primordiaux sont d'autant plus récents qu'ils appartiennent à un niveau plus profond, ce qui est l'opposé
de ce que l'on a admis jusqu'à présent en géologie.

7° L'écorce du globe continue journellement de s'accroître, à l'intérieur, par de nouvelles couches solides. Ainsi,
la formation des terrains primordiaux n'a pas cessé ; elle ne
cessera qu'après un temps immense, c'est-à-dire lorsque
le refroidissement aura atteint ses limites.

8° Si l'écorce de la terre a été formée comme nous le
supposons, les couches primordiales que nous connaissons
doivent être disposées à peu près dans l'ordre des fusibi-
lités ; or les couches magnésiennes, calcaires et quarzeuses
sont en effet les plus voisines de la surface.

9° Suivant ce qui précède, l'épaisseur moyenne de l'é-
corce de la terre n'excède probablement pas 20 lieues de
5,000 mètres. Je dirai même que, d'après plusieurs données géologiques non encore interprétées, il est à croire
que cette épaisseur est beaucoup moindre. A s'en tenir
au résultat ci-dessus, cette épaisseur moyenne n'équivau-
drait pas à la 63e partie du moyen rayon terrestre. Elle ne
serait que la quatre-centième partie de la longueur déve-
loppée d'un méridien.

10° L'épaisseur de l'écorce de la terre est probablement
très inégale : cette grande inégalité nous paraît annoncée
par celle de l'accroissement de la température souterraine

d'une contrée à une autre : la différence des conductibilités ne peut seule rendre raison des phénomènes. Plusieurs données géologiques nous portent également à présumer que la puissance de l'écorce de la terre est très variable.

13° L'on doit admettre que cette écorce jouit d'une certaine flexibilité.

19° L'excessive température de l'intérieur maintenant la matière première à l'état gazeux, malgré l'influence de l'excessive pression qu'elle éprouve aux grandes profondeurs dont il s'agit, cela explique très naturellement les phénomènes des tremblements de terre , dont les irrégularités tiennent à l'extrême inégalité de la surface intérieure de l'écorce du globe.

20° Les phénomènes volcaniques paraissent être à M. Cordier un résultat simple et naturel du refroidissement extérieur du globe, un effet purement thermométrique. La masse fluide interne est soumise à une pression croissante qui est occasionnée par deux forces dont la puissance est immense, quoique les effets soient lents et peu sensibles : d'une part, l'écorce solide se contracte de plus en plus à mesure que la température diminue., et cette contraction est nécessairement plus grande que celle que la masse centrale éprouve dans le même temps : de l'autre , cette même enveloppe , par suite de l'accélération insensible du mouvement de rotation , perd de sa capacité intérieure à mesure qu'elle s'éloigne davantage de la forme sphérique. Les matières fluides intérieures sont forcées de s'épancher au dehors, sous forme de laves, par les évents habituels qu'on a nommés *volcans*; et avec les circonstances que l'accumulation préalable des matières gazeuses , qui sont naturellement produites à l'intérieur, donne aux éruptions. M. Cordier établit cette hypothèse sur le calcul suivant :

Il a cubé à *Ténériffe* (en 1803), aussi approximativement que cela était possible , les matières rejetées par les éruptions de 1705 et de 1798. Il a fait la même opéra-

tion à l'égard des produits de deux éruptions encore plus
parfaitement isolées, qui existent dans les volcans éteints
de l'intérieur de la France ; savoir : en 1806, ceux du
volcan de *Murol* en Auvergne, et en 1809 ceux du volcan
de *Cherchemus*, auprès d'*Issarlès*, au Mezin. Il a trouvé
le volume des matières de chaque éruption fort inférieur
à celui du kilomètre cube. D'après ces données et celles du
même genre qu'il a recueillies sur d'autres points, il se
croit fondé à prendre le volume d'un kilomètre cube comme
le terme extrême du produit des éruptions considérées en
général. Or, une telle masse est bien peu de choses relativement à celle du globe ; répartie à la surface, elle
formerait une couche qui n'excéderait pas 1/500 de millimètre d'épaisseur. En termes exacts, si l'on suppose à l'é-
corce de la terre une épaisseur moyenne de 20 lieues de
5000 mètres, il suffirait, dans cette enveloppe, d'une contraction capable de raccourcir le rayon moyen de la masse
centrale de 1/494 de millimètre, pour produire la matière
d'une éruption.

« Il ne faut rien moins que l'énorme puissance que je
viens d'indiquer, dit M. Cordier, pour élever les laves.
Dans le cas particulier où elles arriveraient précisément
d'une profondeur de 20 lieues, il est aisé de prouver,
d'après leur pesanteur spécifique moyenne, qu'elles seraient
pressées par une force équivalente à celle d'environ 28,000
atmosphères. On sait d'ailleurs qu'elles s'épanchent presque
toujours après la sortie des matières gazeuses, ce qui se
conçoit très aisément dans mon système.

« Ce n'est point ici le lieu de développer l'hypothèse
purement thermométrique que je propose pour expliquer
les phénomènes volcaniques, et de montrer avec quel
succès elle s'applique à tous les détails de ces phénomènes.
Je me contente de faire remarquer qu'elle rend raison
de l'identité des circonstances qui caractérisent le travail
de la volcanicité dans toutes les parties de la terre, de

la prodigieuse réduction que le nombre des volcans a éprouvée depuis l'origine des choses, de la diminution qui s'est opérée dans la quantité des matières rejetées à chaque éruption, de la composition presque semblable des produits de chaque époque géologique, et des petites différences qui existent entre les laves qui appartiennent à des époques diverses. Enfin, dans cette hypothèse, les directions les plus habituelles des tremblements de terre annoncent les zônes de moindre épaisseur de l'écorce de la terre, et les centres volcaniques, tant anciens que modernes, constituent tout à la fois les points de moindre épaisseur et de moindre résistance de cette écorce.

« Dans ce qui précède, j'ai fait abstraction des matières gazeuses que produit chaque éruption, parce que, les supposant réduites à l'état de liquidité qu'elles avaient primitivement dans le mélange dont elles ont été dégagées, elles auraient peu de volume, et que la moyenne de un kilomètre cube, que j'ai adoptée, excède de beaucoup la moyenne réelle. »

22°, 23°, 24°. M. Cordier pense que l'on peut admettre au centre de la terre des matières ayant, par leur nature, une certaine densité, et que dès-lors l'hypothèse de Halley, qui attribuait les actions magnétiques à l'existence d'une masse composée en grande partie de fer métallique, irrégulière et jouissant d'un mouvement de révolution particulier au centre de la terre, n'est pas dépourvue de vraisemblance. Si cette hypothèse est admissible, elle fournit la limite de la température intérieure de la terre : c'est celle de la résistance que le fer forgé, chargé d'une pression énorme, peut opposer à la fusion.

(*Essai sur la température de l'intérieur de la Terre*, par L. Cordier, lu à l'Académie des Sciences, dans les séances des 4 juin, 9 et 23 juillet 1827. — *Mémoires du Muséum d'histoire naturelle* ; 8ᵉ année, 3ᵉ cahier, p. 161, 15ᵉ vol.)

Telles sont, en abrégé, les inductions que M. Cordier croit pouvoir avancer et déduire des faits qu'il a rapportés. Mais c'est avec cette prudente réserve, si ordinaire aux esprits élevés et positifs, qu'il présente ce fruit de ses méditations. « La fécondité, dit-il, des applications de la chaleur et de la fluidité centrales, est remarquable, et cette fécondité ajoute à la probabilité du principe. Il n'en a pas été de même du système neptunien, qui a dominé pendant si long-temps, et qui nous représentait le globe comme une masse solide jusqu'au centre, froide, inerte et formée de bas en haut par des dépôts aqueux. Ce système a été stérile, et aucune de ses applications ne soutient maintenant un examen sérieux. Il va se réduire à d'étroites limites, à l'explication de ces couches superficielles formées de sédiments consolidés, de débris agglomérés et de dépouilles organiques, qui constituent presque en entier l'enveloppe excessivement mince qu'on nomme sol secondaire. Si l'autorité des savants qui ont émis ce système en crédit, n'eût pas fait illusion, il est à croire qu'on lui eût, dès l'origine, fait subir une épreuve bien simple et à laquelle il n'eût point résisté, celle de la comparaison des masses d'eau et de matières terreuses et métalliques qui entrent dans la composition du globe. Il est aisé d'établir que le poids de la masse des eaux n'excède pas la cinquante millième partie du poids du globe entier. Or, de quelque dissolvant que l'on veuille aiguiser cette masse, il est inadmissible qu'un kilogramme d'eau ait jamais pu dissoudre 50,000 kilogrammes de matières terreuses et métalliques. » (*Loc. citat.*).

Si je me suis étendu un peu longuement sur les idées de M. Cordier, c'est qu'elles sont maintenant professées par les plus illustres géologues de notre époque. Elles reposent, d'ailleurs, sur des faits si nombreux et si bien avérés, qu'il est impossible de ne pas les considérer comme représentant la fidèle image de ce qui a dû arriver dans l'origine des choses et de ce qui est encore actuellement. L'hypothèse du feu central, et par suite celle qui donne pour origine aux matières volcaniques la masse brûlante de l'intérieur du globe, peuvent être placées au rang des vérités le plus solidement établies. A mesure que les observations se multiplieront, ces hypothèses se consolideront ; le petit nombre de phénomènes qui restent enveloppés de quelque obscurité s'expliqueront avec autant de facilité que ceux exposés précédemment, et les esprits systématiques qui se refusent encore à l'évidence se trouveront bientôt forcés de répudier de vieilles croyances qui déjà sont tombées dans le discrédit le plus profond.

CHAPITRE VI.

LISTES DES VOLCANS ACTUELLEMENT BRULANTS ET DES SOLFATARES, DISPERSÉS SUR LA SURFACE DU GLOBE.

IL est assez difficile, dans l'état actuel de la science, de dresser une liste complète des volcans qui sont actuellement en activité sur la surface du globe. D'abord, les connaissances géographiques ne sont pas assez étendues : très souvent les observations des voyageurs sont fautives, et d'ailleurs il n'est pas toujours très facile de tracer une ligne de démarcation bien tranchée entre les volcans actuels ou ceux qui ont encore des éruptions, et les volcans éteints, entre les solfatares et les volcans proprement dits. Quoi qu'il en soit, je vais essayer de donner un catalogue aussi complet que possible des montagnes igni-vômes brûlantes et des solfatares. J'ai consulté, pour faire ce travail, tous les ouvrages d'histoire naturelle, tous les mémoires des voyageurs modernes que j'ai eus à ma disposition, et j'ai comparé entre elles les diverses listes des volcans qui ont été publiées jusqu'ici. Malgré les soins que j'ai apportés à ce travail, je suis loin de le regarder comme parfait ; c'est une simple ébauche, que des observations subséquentes et bien faites pourront seules perfectionner. (1)

---

(1) Je donne ici les noms des principaux ouvrages que j'ai consul-tés pour dresser la liste des volcans que je présente. J'aurai soin,

EUROPE.

§ I. *Volcans du Continent.*

Vésuve (royaume de Naples). — C'est le seul volcan sur le continent qui ait de véritables éruptions. (Voir, pour sa description, les ouvrages de Breislack, les *Mémoires sur le Mont-Somma*, avec deux notes sur les tufs volcaniques et le Vésuve, par L. A. Necker, dans les

---

en outre, d'indiquer d'une manière plus précise, dans le texte, les autorités sur lesquelles je m'appuie pour les faits particuliers.

Histoire naturelle des Volcans, comprenant les volcans sous-marins, ceux de boue et autres phénomènes analogues, par C. N. Ordinaire; Paris, 1802. — *Nouveau Dictionnaire d'histoire naturelle*, 1re et 2e édition ; Déterville. — *Dictionnaire des Sciences naturelles*, t. 58; Levrault. — *Description of active and extinct Volcans*, etc., ou *Description des Volcans brûlants et éteints*, etc., par Ch. Daubeny; in-8o. Londres, 1826, Philips. — *Critique de l'ouvrage sur les Volcans, de M. Daubeny*. (*Edinburgh Review*; mars 1827., p. 295.) — *Liste des Volcans actuellement enflammés*, par M. Arago. (*Annuaire du bureau des Longitudes*, pour 1824, p. 168.) — *Liste des Volcans en activité et de leurs éruptions les plus connues*. (*Teutschl. Geolog. Dargestellt*; vol. 4, cah. 3; *Gaz. géolog.*, p. 261 à 277.) — *Tabular vien of Volcanic phœnomena*, etc., ou *Tableau des phénomènes volcaniques, comprenant une liste des Volcans qui ont brûlé depuis ou avant les temps historiques, ainsi que les dates de leurs principales éruptions et des principaux tremblements de terre*, par C. Daubeny; 1 grande feuille. Londres, 1828. — Ouvrages de M. Poulett-Scrope, cités déjà dans le cours de cette dissertation. — *Arreng. of Volcanic Roks*, par le même; 1826. — *Précis de la Géographie universelle*, etc., par Malte-Brun; 2e édition. Paris, 1812. — *Catalogue des tremblements de terre, des éruptions volcaniques, et de phénomènes semblables. depuis 1821*, par de Hoff. (*Ann. der Physik von Poggendorf*; vol. 7, p. 159 et 289; vol. 9, cah 4, p. 589.) — *Essai d'un Catalogue chronologique des tremblements de terre et des éruptions volcaniques depuis le commencement de notre ère*; par Ch.

Mémoires de la Société d'Hist. natur. et de Physiq. de Génève, vol. II, première partie, p. 155. — Un mémoire *sur le District volcanique de Naples*, par G. Poulett-Scrope, lu à la Société géologique de Londres, séance du 2 mars 1827, et *Bulletin des Scienc. nat. et de Géologie*, t. XIV, p. 412, n° 360, etc.) Il est aussi actif de nos jours qu'il y a dix-huit siècles. Sa première éruption connue date de l'année 79 de l'ère chrétienne ; depuis cette époque jusqu'en 1828, on compte trente-cinq éruptions. La dernière

---

Keferstein. (*Teutschl. Geolog. Dargestellt*, vol. 4, cah. 3, p. 280 ; 1827.) — *Bulletin des Sciences naturelles et de Géologie*, 2ᵉ section du *Bulletin universel des Sciences et de l'Industrie*, sous la direction de M. le baron de Férussac, depuis 1824 jusqu'à 1830. — *Annales de Chimie*, et *Annales de Physique et de Chimie*. — *Mémoires du Muséum d'histoire naturelle de Paris.* — *Nouvelles Annales des Voyages*. — *Théorie de la Terre*, par Delamethérie. Paris, 1795. — Ouvrages de Faujas de Saint-Fond, de Dolomieu, de Breislack, etc , etc. — *Essai politique sur la nouvelle Espagne*, par A. de Humboldt. — *Relation historique de mon Voyage aux régions équinoxiales*, par le même. — *Nivellement barométrique des Andes ; Vue des Cordillières*, par le même. — *Ideen su einem vulcanischen Erd-Globue*, etc. ; *Idées sur un globe terrestre volcanique*, ou sur une représentation de tous les Volcans anciens et modernes de la surface de la terre, et sur les résultats philosophiques qui en découlent ; par F. Sickler ; in-8° de 84 pages, avec une mappe-monde. Weimar, 1812. — *Sur la structure et l'action des Volcans dans les différentes régions du globe* ; par A. de Humboldt ; mémoire lu à l'Académie des Sciences de Berlin, le 24 janvier 1823. (*Abhandl. d. kœnigl. Akad. der Wissensch. zu Berlin*, 1822 et 1823, p. 137.) — *Physikalische Beschreibung der Canarischen Inseln ; Description physique des Canaries*, par M. Léopold de Buch ; in-4°. Berlin, 1825. — *Mémoire sur la nature des phénomènes volcaniques des îles Canaries, et sur leurs rapports avec les autres Volcans de la surface de la Terre*, par le même ; traduit de l'allemand par M. L. de la Foye. (*Mémoires de la Société Linnéenne de Normandie*, seconde série, 1ᵉʳ vol., 1ʳᵉ partie, p. 76. Caen, 1829.)

est du 14 mars 1828. Une nouvelle bouche d'environ quinze pieds de circonférence se forma à l'orient du cratère du *Vésuve*, et devint la base d'une immense quantité de fumée. De fréquentes détonations se firent entendre, et étaient suivies de la sortie de beaucoup de matières liquides. Le 18, on commença à apercevoir du feu. Le 19, la nouvelle bouche parut considérablement agrandie ; les pierres lancées par le volcan s'élevaient à une très grande hauteur. Le 21, la lave s'écoulait par un canal qui la conduisait vers le centre du grand cratère. L'eau des puits, dans les environs de la montagne, ne changea pas de hauteur. Dans la nuit du 21 au 22, il se forma deux nouvelles bouches ; dans la matinée du 22, elles s'étaient réunies ; la lave qui en sortait avait rempli une partie assez considérable du grand cratère. A deux heures après-midi, il y eut une violente explosion ; en un instant, il s'éleva dans l'atmosphère une immense colonne de cendres entremêlées de *globes* d'une fumée très dense. Le 24, tous ces phénomènes étaient moins intenses. Il y avait alors dix-sept petites bouches, d'où il sortait du feu, de la fumée et des cendres (1).

---

(1) Au commencement de cette année (avril 1830), il s'est formé dans le cratère du *Vésuve* deux ouvertures nouvelles par où le volcan vomit des feux et des matières bitumineuses qui s'agglomèrent autour de l'orifice du cratère. Depuis quelques jours, la montagne faisait entendre de fortes détonations, qui ont donné de graves inquiétudes, parce qu'elles avaient la même force et la même durée que celles qui sont le symptôme précurseur des plus terribles éruptions. Tout semblait s'agiter ou se mouvoir dans les entrailles de la terre, et ce bruit effrayant se faisait entendre sous *Naples*, comme si le volcan déversait ses matières enflammées sous les fondements des maisons. Heureusement ces secousses n'ont pas été renouvelées trop souvent, et une fois que les bouches du cratère ont été formées, l'éruption des pierres volcanisées a successivement ralenti la fureur du volcan, et toutes les craintes ont cessé. (*Bulletin des Sciences naturelles et de Géologie*, n° 7, juillet 1830, p. 27.)

Dans l'éruption de 1822, la hauteur de la montagne a diminué d'environ cent pieds; la hauteur de *Rocca del Palo*, le point septentrional le plus élevé du *Vésuve*, a été trouvée, en novembre 1822, par M. de Humboldt, de 3774 pieds; celle du bord du cratère, à l'est, de 3276.

Les parois de son cratère offrent la succession d'un grand nombre de couches de lave, qui pourraient presque servir à calculer le nombre de ses éruptions. Dans cette cavité conique, on a plusieurs fois observé des laves prismatiques presque aussi régulières que les plus beaux prismes de basalte.

Le *Mont-Somma*, qui était le sommet du *Vésuve*, au temps de Strabon, l'entoure aujourd'hui en partie, et n'en est séparé que par la colline volcanique de *Cantaroni*.

Près du sommet, la lave retentit sous les pas; on dirait qu'elle va incessamment s'engloutir dans le gouffre qu'elle recouvre : des vapeurs brûlantes sortent d'un grand nombre de petites crevasses tapissées de soufre en efflorescence, et dans lesquelles la flamme se manifeste lorsqu'on y présente une matière combustible.

Ce volcan est isolé au milieu d'une plaine; il n'est formé que de matières vomies du sein de la terre, en sorte que sa masse donne la mesure exacte de la cavité d'où elles sont sorties.

Il est évident que les *Champs Phlégréens* forment, avec les petites îles voisines et le *Vésuve*, un seul et même système; car chaque éruption sur un point quelconque de ce district empêche qu'il ne s'en manifeste ailleurs. Tandis qu'un torrent de lave s'ouvrait une issue sur l'*Epoméo*, à *Ischia*, que le *Monte-Nuovo* s'élevait jusqu'à *Pozzuolo*, et que les phénomènes volcaniques étaient en pleine activité dans les plaines de *Phlégra*, le *Vésuve* restait tranquille. Depuis qu'il est dans un mouvement continuel, les îles et les cratères près *Pozzuolo* paraissent tout-à-fait éteints. (Hoff, 11, 209).

On ne découvre rien autour du *Vésuve* qui rappelle, même d'une manière éloignée, le trachyte; point de felspath dans

ses laves, point d'amphibole. Sous ce rapport, il est unique,
et on le regarderait comme une anomalie, dit M. de Buch,
si le *Monte-Albano*, près de Rome, volcan central beaucoup
plus grand, mais éteint, ne présentait les mêmes circonstances et ne prouvait ainsi qu'il n'est pas indispensable que
les volcans ouvrent leur canal de communication à travers le
trachyte. (*Mémoire sur la nature des Phénomènes volcaniques*, p. 85.)

Voir ce qui a été dit du *Vésuve*, chap. iv, p. 41,
46, 49, 57, 75 et 81.

Monte-Nuovo (dans le golfe de Baies). — Dans le mois
de septembre 1558, il se forma dans le sein du lac *Lucrino*,
au milieu des *Champs Phlégréens*, un petit volcan qui,
pendant sept jours, rejeta des matières enflammées,
et dont la lave forme aujourd'hui une colline de huit
mille pieds de circonférence à sa base, et de quatre cents
de hauteur; c'est le *Monte-Nuovo*. On sent au fond du
cratère une chaleur considérable, et des vapeurs s'échappent
de quelques-unes de ses crevasses.

Solfatare de Pozzuolo (idem.) — C'est le reste d'un
volcan de forme elliptique, qui a eu des éruptions au
commencement du douzième siècle. Il ne produit plus que
des vapeurs sulfureuses; le sol caverneux y retentit sous
les pas du voyageur; le soufre et l'alun qu'on en retire
sont une richesse inépuisable pour le pays. Auprès de
la ville, le temple de *Sérapis*, situé sur le bord de la
mer, à quinze pieds au-dessus de son niveau, est un mo-
nument digne de fixer l'attention de l'antiquaire et du
géologue. Il fut, à une époque inconnue, enseveli sous
des produits volcaniques. (Voir la description de cette
solfatare par Breislack, dans son *Voyage dans la Campanie*,
2, p. 69.)

Solfatare de Budoshegy (Transylvanie.)

§ II. *Volcans des Îles.*

Etna (Sicile). — Les Arabes lui avaient donné le nom de *Gibel*, mot qui signifie *montagne*. Ce puissant volcan, dont le cratère dominé par un rocher pyramidal a plus d'une lieue de circuit et 700 pieds de profondeur, n'a aucune liaison avec les montagnes qui l'entourent, comme l'indique sa position isolée au centre d'un grand cirque. Sa base est formée de tous côtés par des couches de basalte et d'amygdaloïde. La nature de ses laves fait présumer qu'elles tirent leur origine du trachyte et non du basalte ou de couches basaltiques. Ses éruptions, qui sont très nombreuses, se font le plus ordinairement par les flancs de la montagne. Il brûle depuis les temps les plus reculés. Pindare le cite comme enflammé. Thucydide a conservé des détails sur l'éruption de 476 avant l'ère chrétienne. Le silence que garde Homère sur les feux de l'*Etna* fait supposer que, de son temps, il était dans le même état de calme que le *Vésuve* au temps de Strabon. Depuis l'époque historique la plus reculée, le nombre de ses éruptions s'élève à 81. Voici un tableau chronologique de celles-ci :

Du temps de Thucydide, an 450 avant J.-C. 3

122 ans avant notre ère...................... 1

L'an 44 de notre ère........................ 1

L'an 252................................... 1

Pendant le XIIe siècle........................ 2

Au XIIIe................................... 1

Au XIVe................................... 2

Au XVe.................................... 4

Au XVIe................................... 4

Au XVIIe.................................22

Au XVIIIe................................32

Depuis le commencement du XIXe......... 8

La plus importante de ses dernières éruptions est celle de 1812, qui dura six mois ; celle de 1819 fut considérable. Un voyageur, qui en fut témoin, vit sortir la lave sous ses pieds : elle formait un courant de 60 pieds de largeur sur la montagne , et de 1,200 à sa base. Elle ravagea une étendue de deux lieues , embrasant les arbres qu'elle touchait. Au-dessus de la bouche qui la vomissait, un cratère lançait des pierres à 1,000 pieds de hauteur. (*Lettres de M. Al. de Schenberg à M. le docteur Schouw ; Journal encyclopédique de Naples*, année 13, n°s 7 et 8.) (1)

_____

(1) Une effroyable éruption de l'*Etna* a eu lieu le 16 mai dernier (1830). Sept bouches se sont ouvertes sur le penchant de la montagne ; plusieurs villages , on en cite huit , qui jusqu'alors avaient toujours échappé aux ravages de la lave, ont été complètement détruits. Toutes les habitations ont disparu sous des monceaux de pierres calcinées et de cendres rougeâtres projetées au loin dans les campagnes. Quoique d'épouvantables détonations eussent annoncé la catastrophe, les habitants étaient restés paisibles , rassurés par l'éloignement qui jusqu'alors les avait préservés d'un semblable désastre ; aussi beaucoup d'hommes et de bestiaux ont-ils péri. Ce n'est qu'après l'expiration du huitième jour qui a suivi ce désastre , qu'on a pu s'approcher pour porter secours aux malheureux incendiés ; mais les recherches que l'on a faites ont été infructueuses. Jamais calamité n'a été plus terrible, plus imprévue , plus générale.

Les côtes de la *Calabre* et toutes les parties de l'*Italie* placées sous le vent qui soufflait dans cette nuit désastreuse , ont été couvertes d'une poussière rougeâtre , à peu près semblable à celle sous laquelle les terres voisines de l'*Etna* ont été ensevelies. On avait attribué comme une conséquence naturelle la présence de cette poussière à cette éruption ; mais des lettres de *Palerme* donnent l'explication du second phénomène, observé d'ailleurs dans toute l'*Italie*. Comme elle était tombée en plus grande partie encore dans les districts méridionaux de la *Sicile* , et qu'elle a été apportée par un vent du midi , elle ne pouvait pas provenir de l'éruption de l'*Etna*; et l'analyse qui en a été faite ne permet pas de l'assimiler aux cendres volcaniques. Une poussière

Le comte Karaczaig rapporte, dans son *Manuel du voyageur en Sicile*, qu'il y a quelques années, un voyageur anglais, arrivé jusqu'au cratère de ce volcan, après avoir surmonté beaucoup de dangers, eut la témérité de s'y faire descendre, attaché par des cordes; mais ce malheureux, ayant donné trop tard le signal de le retirer, fut suffoqué par les vapeurs et ne put être rappelé à la vie.

(Voir, pour plus de détails sur l'histoire de l'*Etna* : *Storia generale del Etna*, del Francesco Ferrara; Catania, 1793. — *Mémoire sur les îles Ponces*, *et Catalogue raisonné des produits de l'Etna*, par Dolomieu; 1788, Paris.)

Vulcano (une des îles *Lipari* ou *Eoliennes*). — L'île, qui n'a pas six lieues de circonférence, offre deux cratères dont l'un paraît être épuisé, et dont l'autre, d'une vaste dimension, envoie dans les airs des tourbillons de fumée. On évalue la profondeur de ce dernier à 1,400 mètres, et son diamètre à 770. Sa dernière éruption date de 1775. On peut descendre dans le cratère éteint; on y voit une grotte tapissée de stalactites de soufre.

Vulcanello (ibid.). — Ce n'est plus qu'une solfatare.

Stromboli (ibid.). —Cette île, la plus septentrionale du groupe, n'est qu'un volcan escarpé, dont le cratère, ouvert sur l'un de ses flancs, est toujours en feu. (Voir ce qui en a été dit chap. iv, p. 75.) Depuis 2,000 ans,

---

semblable tomba en *Sicile*, dans les années 1807 et 1813, et l'on sut qu'à ces deux époques des ouragans terribles, soulevés dans les déserts de l'Afrique, avaient élevé des trombes de sable, qui, poussées par le *Sirocco*, et traversant la mer, étaient venues fondre sur la *Sicile* et l'*Italie*. Des rapports détaillés annoncent qu'une caravane entière a péri, vers le milieu de mai, ensevelie sous des montagnes de sable, au désert. Il est donc probable que la poussière rougeâtre tombée en *Italie* a été transportée des plaines de l'Afrique par un vent impétueux du S.-E. qui l'a poussée jusqu'au delà de la Méditerranée. (*Bulletin de la Société de Géographie*, t. 13, n° 86, juin 1830, p. 307.)

il n'y a pas eu d'éruption proprement dite, quoiqu'il
y en ait eu plus anciennement. Houel en a donné un
très bon dessin dans le *Voyage pittoresque dans la Sicile*,
§ 1, p. 70 et 71). Les émanations gazeuses qui sortent de
son cratère n'éprouvant jamais d'intermittence, les marins
lui ont donné le nom de *Fanal de la Méditerranée*.

Tout le groupe des îles *Eoliennes* est entièrement
volcanique ; elles se distinguent de tous les autres groupes analogues en ce qu'elles ne sont point basaltiques ;
on n'y a même, jusqu'à présent, rencontré aucunes traces
d'amygdaloïdes. Toutes les montagnes sont formées de
trachyte, ou de masses provenant de trachyte altéré par
l'action volcanique. *Stromboli* est la fin d'une ligne, ou
plutôt d'une crevasse trachytique qui, partant de *Vulcano*,
se divise en deux branches à *Lipari*. La plus occidentale
se continue à travers *Salinas*, *Felicudi*, *Alicudi*, et se
termine à *Ustica*. Cette direction ne permet pas de penser que les îles *Lipari* aient une communication avec le
Vésuve ou l'*Etna*; aucun phénomène d'éruption ne paraît, d'ailleurs, jusqu'à présent, appuyer cette opinion.
Ces îles sont sorties de la mer, et ne doivent pas leur
accroissement et leur élévation progressive aux éruptions réitérées, comme quelques géologues l'ont prétendu.
(Léopold de Buch, *Mémoire sur les phénomènes volcaniques des îles Canaries*, etc. — Voir aussi l'ouvrage de
M. Daubeny).

Epoméo (Ischia). — Le sol de l'île est entièrement volcanique ; la lave y a recouvert les derniers dépôts marins.
L'*Epoméo*, autant qu'on puisse s'en ressouvenir, n'a eu
qu'une éruption en 1302, qui dura deux mois et fit déser-
ter l'île. Sa hauteur, d'après les observations barométriques
de M. Léopold de Buch, du 8 août 1805, est de 2356
pieds au-dessus du niveau de la mer ; le point le plus élevé
du cratère est à 430 pieds au-dessus des sources de l'*Arso*,
et le fond de ce cratère à 360. Ce n'est plus actuelle-

ment qu'une solfatare. Le *Monte-di-Vico*, dans la même île, est un volcan éteint dont l'élévation rivalise aussi avec celle du *Vésuve*.

Volcan de St.-Nicolas (île de St.-Nicolas, l'une des *Tremiti*, non loin de *Tremoli*, dans le royaume de Naples). — Très petit volcan en activité.

Solfatare de Calamo (île de Milo, 15 lieues à l'O. de *Santorini*). — L'époque de ses éruptions est inconnue. Du sommet du mont *Calamo* sortent des vapeurs sulfureuses qui détruisent, blanchissent et décomposent les roches trachytiques ; c'est une véritable solfatare formant une espèce de marais sulfureux qui, au premier abord, paraît solide et trachytique, mais qui réellement n'a point de fond. Olivier et Brugnières ont été sur le point d'y périr. (Olivier, *Voy. en Turquie*, 1, 334.)

L'île *Santorini*, que plusieurs auteurs placent au nombre des volcans, doit en être rayée. C'est bien le produit d'une éruption sous-marine, mais non un volcan véritable, puisqu'il n'y a point encore de canal permanent de communication de l'atmosphère avec l'intérieur du globe. (Voir chap. III, p. 32.)

Islande.

Hecla (dans la partie méridionale de l'île, à environ cinq quarts de lieue de la mer.) — Il n'a eu que dix éruptions dans l'espace de 800 ans ; savoir : dans les années 1104, 1157, 1222, 1300, 1341, 1362, 1389, 1558, 1636, 1693. Chacune de ces éruptions a duré pendant plusieurs mois. Sa dernière éruption est de 1766.

Krabla (au N. E. de l'île). — Sa dernière éruption date de 1724.

Kœtlugjan ou *Kattlugiaa-Jokul* (au Sud). — En 1756, entre janvier et septembre, il y eut 5 éruptions. Ce volcan était resté en repos depuis cette époque, lorsque, du

22 au 26 juin 1823, il eut trois violentes éruptions accompagnées de tremblements de terre. Cet événement causa de tels désastres, que la population de l'île diminua de 9,744 personnes. Les cendres qui sortirent du cratère furent portées à 100 milles de la côte ; mais le vent les dirigea heureusement vers la mer.

Eya-Falla-Jokul (au S. E. de l'*Hecla*). — Il était éteint depuis plus d'un siècle, lorsque, le 20 décembre 1821, des torrents de flammes sortirent par son sommet. On assure que la colonne de feu était encore visible le 1er février 1822, et qu'il en partait des pierres du poids de 50 à 80 livres avec assez de vitesse pour ne tomber qu'à deux lieues de distance. La montagne a crevé par son pied, le 26 juin 1822, et il en est sorti une abondante quantité de laves. La belle carte hydrographique de MM. Ohlsen, Friesack et Vetlesen (*Copenh.*, 1823) offre une vue magnifique de ce volcan en pleine éruption en 1822.

Eyrefa-Jokul. — Sa dernière éruption date de 1720.

Skaptaa-Jokul ;

Skaptaa-Syssel ;

Ces deux volcans voisins éprouvèrent , en 1783, de violentes éruptions qui ravagèrent une immense étendue de pays. La lave se fraya un passage par trois sources dans la plaine, à la base des montagnes, à environ 8 milles de distance l'une de l'autre ; ces courants, en se réunissant, couvrirent un espace de plus de 1,200 milles carrés d'étendue. Le fleuve *Skaptaa* fut entièrement comblé de pierres-ponces et de laves. Pendant une année entière, il y eut des exhalaisons sulfureuses et des éjections pulvérulentes ; l'atmosphère de l'*Islande* se trouva mêlée à des nuages de poussière que pénétraient à peine quelques rayons de soleil ; une épidémie fut la suite de ces événements désastreux. C'est un peu avant ces éruptions que parut, au S. O. de *Reikianess*, l'île volcanique dont il a été question chap. III, p. 39.

Wester-Jokul. Éruption de pierres et de cendres, en janvier 1823.

L'Islande est tellement recouverte de cratères, qu'on a coutume de considérer toute son étendue comme un seul et puissant volcan. Cependant, parmi les vingt-neuf bouches que compte Ebenezer (*Residence in Iceland*, 1818, p. 11), il est probable que la plupart ne sont que des éruptions partielles, et non des conduits toujours ouverts ; il paraît qu'il n'y a que 11 à 12 volcans actifs proprement dits, et encore tous ne sont pas bien connus. Ils se trouvent contenus dans une large ceinture volcanique qui traverse l'île du sud-ouest au nord-ouest (*Hoff*, 11, p. 550). Le milieu de cette ceinture est coupé, dans toutes ses directions, par d'énormes crevasses ; il en sort des coulées de laves dont la masse, la largeur et la longueur surpassent ce qu'on connaît dans les autres pays volcaniques. C'est par une telle crevasse que se fit l'éruption du *Skaptaa-Jokul*, en 1783 ; une autre semblable eut lieu au pied de *Tindafiall* et *Blaafell* (Henderson, 1, 65), et, de même qu'à *Lancerote*, elle est encore marquée par une petite ligne de cratères ; mais les éruptions ne reviennent plus par ces ouvertures. *Krabla, Leihrnukur* et *Trœllading* au Nord ; l'*Hecla*, *Eyafialla* et *Kœtligia* au sud ; *Ærafa* à l'est, sont seuls des canaux fixes et perpétuels de communication, et par conséquent peuvent seuls être considérés comme les volcans de l'*Islande*. (Léopold de Buch, *loco cit.*)

Esk (île de *Jean-de-Mayen*, sur la côte orientale du *Groënland*).—Ce volcan a été découvert et visité, en 1817, par le capitaine W. Scoresby. Il est sur la continuation de la ligne des volcans de l'*Islande*. Il a eu une éruption à la fin d'avril 1818 ; des jets de fumée s'élevaient, toutes les 3 ou 4 minutes, jusqu'à la hauteur de 12 à 1400 mètres. Le mont *Beerenberg*, sur cette île, à 6,448 pieds, hauteur que n'atteint aucun volcan de l'*Islande* (*Arct. Regions*, p. 154).

AFRIQUE.

§ I. *Volcans du Continent.*

Suivant tous les auteurs, on ne connaît aucun volcan brûlant sur le continent africain. Ordinaire en compte cependant huit, d'après le jésuite Kircher ; mais aucun voyageur n'en fait mention.

Il existe, à ce qu'il paraît, plusieurs solfatares qu'on pourrait à la rigueur considérer comme des volcans actifs, puisqu'il y a des éruptions de cendres et dégagement de fumée. Voici les seuls renseignements qu'on possède sur ces solfatares.

« Dans le *Kordoufan* (Abyssinie), il existe toute une chaîne de volcans demi-éteints, d'un grand intérêt, nommément à *Gebel-Koldagi*, où un sommet conique très haut fume continuellement et jette des cendres chaudes sans interruption. (Extrait d'une lettre de M. Ed. Rüppell, datée d'*Ambukol*, le 3 mai 1824, à M. le baron de Zach ; *Correspond. astron.*, vol. 9, n° 3, page 269).

« Il existe entre le Nil d'Egypte et la Mer Rouge, à la hauteur de l'Egypte moyenne, au midi des carrières d'albâtre, une montagne appelée *Djebel-Dokkán*, c'est-à-dire *Montagne de la Fumée*. Les Arabes parlent de l'écoulement de pétrole qu'on observe à quelque distance. *Djebel-Kebryt*, ou la *Montagne de Soufre*, est plus au midi, sous le 24° parallèle, et au bord de la mer. D'après les renseignements des Arabes, il paraît que le *Djebel-Dokkán*, fume constamment. » (Indications fournies par M. Jomard, membre de la commission d'Egypte ; *Bulletin des Scienc. naturelles et de Géologie*, t. 4, p. 166, n° 146.)

§ II. *Volcans des Iles.*

Ile de Bourbon ou de Mascareigne.

Cette île tout entière semble composée de deux
montagnes volcaniques, dont l'origine, dit M. Bory de
Saint-Vincent, remonte sans doute à deux époques éloignées l'une de l'autre. Dans la partie méridionale, la
plus petite, les feux souterrains exercent encore leurs
ravages : celle du nord est bien plus vaste ; les éruptions
volcaniques qui l'ont jadis bouleversée ne s'y font plus
ressentir. Des espèces de bassins ou de vallons ; des rivières rapides cernées par des remparts perpendiculaires ;
des monticules jetés dans ces vallons, dont ils embaras-
sent le cours ; des prismes basaltiques souvent disposés,
comme dans l'île de *Staffa*, en colonnes régulières ; des
couches de laves les plus variées ; des fissures profondes ;
des indices d'un fracassement général, tout rappelle d'anciennes et terribles révolutions physiques. (Bory de Saint-
Vincent, *Voyage aux îles d'Afrique*, t. 1, p. 264 ; 11,
372 ; 111, 147.)

A l'époque actuelle, cette île ne renferme qu'un seul
volcan en activité, nommé *les Trois-Salasses* ou *Salazes*.
Ce volcan est un des plus puissants de la terre ; il y en
a peu qui soient dans une plus grande activité. Sa dernière éruption est du 27 février 1821. Hubert (Bory de
Saint-Vincent, *loc. citat*, 1, p. 320), dit que, depuis 1785,
époque à laquelle il a commencé à l'observer, jusqu'en
1801, des coulées de lave étaient sorties de ses flancs
au moins deux fois par an ; huit d'entr'elles avaient
atteint le rivage de la mer. Chaque coulée de lave
provenant des parties inférieures est suivie d'éruptions
des cratères du sommet (Bory, p. 250) ; mais il est
rare que ceux-ci émettent des coulées de lave, et dans
ce cas elles sont faibles. La lave est soulevée dans l'in-

térieur de la montagne, et agit par sa pression sur les ouvertures qui se trouvent à son pied, et par lesquelles elle sort. Ce volcan lance presque continuellement de longs fils de verre flexible semblables à des cheveux de couleur d'or : c'est de l'obsidienne capillaire.

Archipel du Cap-Vert.

L'île de *Fuego* ou de *Feu* est la seule de tout cet Archipel qui renferme un volcan actif. Suivant le capitaine Sabine, son élévation doit surpasser 7000 pieds (*Journ. of Scienc.*, XXIX). Il paraît qu'autrefois ce volcan était en éruption continue comme *Stromboli* ; c'est ainsi que Robert le décrit en 1721 ; il parle aussi des coulées de laves sortant de ses flancs. (Prevost, *Voyages*, II, 392.)

Archipel des Canaries.

Pic de Teyde, ou plus exactement d'*Echeyde*, c'est-à-dire de l'*Enfer* (*Aya-Dyrma* des Guanches), dans l'île de *Ténériffe*. — Volcan célèbre par sa grande élévation, qui est de 4000 mètres environ. Le cratère proprement dit n'a guère plus de 45 toises (88 mètres) de diamètre, et de 18 toises (35 mètres) de profondeur. De temps immémorial, il n'en est sorti ni laves, ni flammes, ni même de fumée visible de loin. Sa dernière éruption, qui date du 9 juin 1798, se fit latéralement, par la montagne de *Chahorra*. Elle dura plus de trois mois. Divers fragments de roches très considérables, que le volcan projetait en l'air de temps en temps, employaient à retomber à terre, suivant M. Cologan, de 12 à 15 secondes. Il n'y avait pas eu d'éruption depuis 92 ans, lors de la dernière. (Voir : *Sur le Pic Ténériffe*, par M. L. de Buch ; *Mineral. Taschenb.*, 4e partie, 1823, p. 843.) Le cône volcanique proprement dit offre une déclivité si rapide, qu'il n'est possible d'y monter qu'en suivant un ancien torrent de lave. Le cratère lance de temps à autre des fumées, et le sol qui l'environne est en plusieurs endroits assez échauffé pour qu'en y marchant on s'expose à avoir ses souliers brûlés. Ce volcan agit plutôt par ses flancs que par le sommet. Plusieurs indices prouvent qu'il s'amasse, dans les cavernes intérieures du Pic, de grands dépôts d'eau qui s'exhale en vapeurs par divers soupiraux, dont les deux plus remarquables portent le nom de *Narines*. (A. de Humboldt, *Voyag., Relat. historiq.*, t. 1, liv. 1, chap. 2.) (1)

Lavanda (île de Palma), distante de la précédente de 25 lieues. — Éruption violente par une ouverture latérale, en 1585. La coulée de lave atteignit la mer, après une course de deux lieues, et, en l'échauffant, elle fit périr beaucoup de poissons. De nouvelles bouches se formèrent en 1646 et 1677, et des éruptions considérables eurent lieu. (*Physikalische Beschreibung der Canarischen Inseln* ; *Description physique des Canaries* ; par L. de Buch, in-4°. Berlin, 1825.)

Lancerote (île de Lancerote). — Éruption violente, en 1730, qui dura trois années consécutives, et qui bouleversa l'île de fond en comble. Une grande partie de sa surface fut couverte par des torrents de lave, et le reste enseveli sous des scories et des cendres. En août 1824, éruption d'eau, de pierres, de flammes et de fumée, accompagnée de bruits souterrains et de tremblements de terre, à une lieue N. O. de *Puerto de Noos*.

Les autres îles de cet Archipel paraissent avoir éprouvé jadis l'action du feu. L'*île d'Hierro* ou *Ferro* (l'île de Fer), la plus occidentale des sept *Canaries*, a le sol

---

(1) On peut consulter : *Relation d'une excursion au sommet du Pic de Ténériffe*, les 23 et 24 février 1829; par R. Edw. Alison. (*Ann. of Philos.*, juillet 1830, p. 23.)

volcanisé et peu fertile. Tout concourt à faire regarder les *Canaries* comme un groupe d'îles qui, peu-à-peu et successivement, sont sorties du sein de la mer.

Les cratères d'éruption des *Canaries* sont rangés à peu près sur une même ligne dirigée du S. O. au N. E., comme toutes les autres lignes volcaniques de la terre. (L. de Buch , *loc. cit.*)

L'*île de Madère* présente des traces de l'action volcanique ; mais depuis long-temps elle est épuisée. Sur le sommet du *Pic Ruigo* , haut de 5,068 pieds, on remarque un enfoncement appelé par les habitants *Val*, et qui paraît être la bouche d'un ancien cratère , idée confirmée par les laves, la plupart légères et bleuâtres, qu'on y voit disséminées, et dont la mer jette même de temps à autre des débris dans les baies du Sud ; mais on n'y trouve point de pierre-ponce, et rien n'annonce, d'ailleurs, une origine volcanique de l'île. Elle est néanmoins sujette à des tremblements de terre assez fréquents.

Archipel des Açores.

Tout cet archipel est de nature volcanique, ce qu'attestent les fréquents tremblements de terre qui s'y font sentir, la forme des montagnes, les cratères nombreux, les déchirements du sol, les nombreuses cavernes, les laves, pierres-ponces et cendres qu'on y foule partout. On connaît les volcans actifs suivants :

El Pico, ou *Pic des Açores* (dans l'île *del Pico*). — C'est le seul de toutes les *Açores* qui soit conique et à cratère, et entièrement trachytique. L'ancien cratère, dont les bords ne sont conservés qu'à l'E. et au S. E., paraît avoir un mille anglais de tour. De son milieu s'élève un cône escarpé, de 300 pieds de haut, dont les côtés laissent fréquemment échapper de la fumée à travers des crevasses. Il est entièrement formé de couches de lave, de la dureté du fer, qui ont dû être autrefois à l'état de fusion. Le sommet, singulièrement aigu, n'a que sept pas de long et cinq de large ; l'ouverture est située au nord, un peu au-dessous du sommet, et a environ vingt pas de diamètre. Cette ouverture lance continuellement des vapeurs, mais elle est presque remplie de pierres altérées par le feu. Du côté de l'ouest, le pic est continué par une crète, sur laquelle se trouvent les ouvertures de plusieurs anciens cratères qui ne produisent plus de fumée. (John Webster, *A Descript. of the Island of St-Michael;* Boston, etc.; 1821, p. 233.)

Volcan de S.-Georges (Açores.) — Le 1er mai 1800, à 3 lieues au N. E. de *Vellas*, dans la partie N. O. de l'île, et vis-à-vis le *Pic des Açores*, le sol s'ouvrit avec un bruit semblable à des coups de canon, et il se forma de suite un énorme cratère d'au moins 24 acres, au milieu de terrains en pleine culture. En deux jours, il avait vomi une telle quantité de scories et de ponce, qu'elles couvraient entièrement le sol, et formaient une couche de presque quatre pieds d'épaisseur, sur une étendue de trois lieues de long, et d'une de large. Le 2 mai, il se forma une autre ouverture au N. de la précédente, et seulement à deux lieues de *Vellas.* On pouvait s'en approcher ; elle était au milieu d'une grande quantité de crevasses qui avaient jusqu'à six pieds de large, et traversaient le terrain dans toutes les directions : cette ouverture avait à peu près 150 pieds de diamètre. Le 5 et les jours suivants, douze à quinze petits cratères s'ouvrirent sur ce terrain ; il en sortit une grande quantité de lave qui s'avança du côté de *Vellas;* c'était vraisemblablement une lave obsidienne, puisqu'elle avait été précédée par une éruption de ponce : ces deux matières annoncent la présence du trachyte dans l'île. Le 11 mai, la lave cessa de couler, mais aussitôt de nouvelles éruptions très violentes eurent lieu par l'ancien cratère, et on aperçut de *Fayal* un fleuve de feu sortir de son flanc sans interruption jusqu'au 5 juin, et se précipiter dans la mer ; tout alors redevint calme. Le grand cratère est à quatre milles anglais du rivage, et a une élévation de 3,500 pieds. (*New-York philosoph. Transact.*, 1815, 1, etc.— *Lettre du consul américain à Fayal, adressée au président des États-Unis*).

Volcan de Fayal. — Sa plus grande hauteur est d'environ 3000 pieds, selon Webster. Les flancs de cette élévation s'abaissent doucement jusqu'à un bassin qui a cinq milles anglais de circonférence, et contient de quatre à cinq pieds d'eau. Il est douteux que ce bassin soit celui qu'Adanson prétend s'être formé lors de la dernière éruption de *Fayal*, en 1672. Labat dit seulement aussi que la montagne s'était ouverte du côté de l'O., et qu'il en était sorti un fleuve de lave qui avait dévasté 200 arpents du meilleur terrain. (*Nouv. relat. de l'Afr. occid.*, 1725 ; *Voy.* 303).

L'île de *Saint-Michel* ou de *San-Miguel*, où toutes les montagnes présentent d'anciens cratères transformés actuellement en lacs, est célèbre par le volcan sous-marin qui a donné naissance à ces îles volcaniques, dont il a été question chap. III, pag. 34.

Ile de Saint-Paul.

Cette île de l'Océan austral a été nommée par erreur île *d'Amsterdam* ; ce nom appartient à l'île *Saint-Pierre*, voisine de la première. Lat. S. 38°42' ; long. E. de Paris 75°28'. L'île *Saint-Paul* était tout en feu quand d'Entrecasteaux l'aperçut, dans le mois de mars 1792. On admet d'après cela qu'elle possède un volcan actif.

Ile de l'Ascension.

Cette île de l'Océan atlantique méridional (lat. S. 7° 55' 30'' ; longit. E. de Paris 16° 35' 30'') est la seule qui, dans cette région océanique, porte les traces d'un véritable volcan. Partout on trouve des coulées de lave ; mais on n'y remarque aucun cratère, selon le capitaine Basil Hall. Cependant il en existe plusieurs aux environs du *Green-Moutain*, la plus haute colline de l'intérieur, dont le pied est entouré de quatre coulées de laves sorties d'une roche trachytique. La hauteur du *Green-Moutain* est de 2645 pieds, d'après les mesures trigonométriques du capitaine Campbell. (*Edimb. phil. Journ.*, XXVII, 47.) On ne connaît pas d'éruptions dans cette île ; il s'en est peu fallu qu'elle ne devînt un volcan actif. Elle est entièrement trachytique.

Quant au volcan de *Madagascar*, qui lance, dit-on, une immense colonne de vapeur aqueuse visible à la distance de dix lieues, son existence, d'après M. Arago, n'est pas assez constatée pour qu'on le range au nombre de ceux qui sont actuellement brûlants. (*Annuaire des Long.* pour 1824.)

Il en est de même du volcan qui a ravagé anciennement l'île *Hinzouan* (*Anjouan* ou *Joanna*), dans l'archipel des *îles Comores*, au nord du *canal de Mozambique*, entre *Madagascar* et l'Afrique.

ASIE.

§ I. *Volcans du Continent.*

On a jusqu'à présent fort peu de renseignements exacts sur les volcans actifs du continent asiatique. Je vais énumérer ceux que l'on croit dans ce cas :

Elburs, Elburus, Elbours (Perse), vers l'extrémité orientale des monts de l'*Irak-Adjemi*, au 32ᵉ parallèle.—C'est le pic le plus élevé de la chaîne du Caucase ; il a 5,400 pieds au-dessus de la mer Noire. (Reineggs, *Descript. du Caucase*, etc., 1, 16, en allem.) Il est douteux qu'il soit actif. Il paraît que ce n'est pas la seule cime volcanique de cette chaîne. (Olivier, *Voyage dans l'Empire Ottoman, la Perse*, etc., v., p. 126.) Il y a de violents et fréquents tremblements de terre dans cette partie de la Perse.

Demavend (Perse), dans la grande chaîne des *Monts Alpons* qui environne le *Ghilan* et le *Mazanderan*, entre la mer Caspienne et les plaines de la Perse. — Olivier dit que son sommet s'élève beaucoup au-dessus des autres pics, qu'il est toujours couvert de neige et que souvent il en sort beaucoup de fumée (ibid., II, 126). Suivant un voyageur français, ce pic s'élèverait à une hauteur de 12 à 1300 toises au-dessus du niveau des plaines de *Téhéran*, qui sont au moins à 500 toises au-dessus de la mer Caspienne. (*Voyage dans le Ghilan*, de M. Trézel, manuscrit cité par Malte-Brun, III, p. 231.) Morier a donné un beau dessin de ce pic (*Sc. journ. to Persia*, p. 335). De *Téhéran* jusqu'à cette montagne, il y a beaucoup de fragments de lave épars, et, au tiers de sa hauteur, d'énormes rochers de basalte en colonnes, à cinq pans assez réguliers.

Cophant (Perse), dans le *Khorasan*, province au N. E. de l'*Irak*. — Plusieurs auteurs le disent sujet à de très violentes éruptions ; mais on n'a rien de certain à cet égard.

Les montagnes de la Perse, suivant le major W. Montheit, n'offrent pas de volcans brûlants, mais des traces d'action volcanique. Le *Sevellan* paraît avoir eu un cratère, car son pic est couvert, sur plusieurs points, de courants de lave et de déjections volcaniques. La dernière éruption paraît s'être portée jusqu'à 20 milles. L'*Ararat*, une plaine au-dessus de *Makor*, près du fleuve *Aras*, le sol de *Tiflis*, d'*Erivan*, et depuis *Erivan* jusqu'à la rivière *Guesney*, présentent des roches et des traces évidemment volcaniques. (*Observ. physico-géograph. sur la Perse*, par le major W. Montheit ; — *Hertha*, vol. IX, cah. 3, p. 255).

Le *Seïban-Dagh* (Arménie), à l'extrémité nord du lac de *Wan*, est une montagne énorme dont le sommet est toujours couvert de neige, et le pied entouré de laves jusqu'à une grande distance (Jaubert, *Voyage en Perse*, 1821, p. 123). C'est un volcan éteint sans doute.

Dgebel-Nimroud, ou *Mont de Nimrod* (Arménie), a vomi autrefois des flammes, et offre encore sur son sommet un petit lac, qui, d'après la description d'un géographe turc, semble être un ancien cratère. (Hagdi Khalfah, *Géographie turque*, p. 1088, 1099, 1120, etc.)

Tourfan, ou *Montagne de Feu* (région centrale de l'Asie, grande chaîne de l'*Altaï* : 43°,36' de latitude ; 87°,11' de longitude);

La *Montagne blanche* (Pe-Chan), dans le *Bisch-Balikh*, (ibid. , 46° 0' de latitude ; 76° 11' de longitude);

On trouve dans un article de l'édition japonnaise de l'*Encyclopédie chinoise*, traduite par M. A. Remusat, que ces deux montagnes exhalent continuellement des flammes, de la fumée et des vapeurs ammoniacales ; c'est-là , dit-on, que les kalmoucks recueillent le sel ammoniac qu'ils transportent dans les différentes contrées de l'Asie. Il est probable que ce sont de simples solfatares. Elles sont à 400 lieues de la mer Caspienne.

(Voir, pour plus de détails, 1° une note de M. Klaproth sur les *Volcans de l'intérieur de l'Asie*, dans le *Bulletin des Sc. nat. et de Géol.*, t. 3, p. 8 ; — 2° une lettre de M. Abel Remusat à M. Cordier, sur le même sujet, et les observations de ce dernier sur cette lettre ; *Ann. des Mines* ; t. v, 1820, p. 135 et 137, et *Journ. Asiatiq.*, juillet 1824, p. 44 ; — 3° enfin, les observations de M. de Férussac sur les documents précédents ; *Bulletin des Sciences naturelles et de Géol.*, t. 3, p. 14).

D'après un auteur arabe, *Ibn el Wardi*, cité par M. Hylander père, il y aurait une troisième montagne volcanique dans l'intérieur de l'Asie, d'où l'on voit sortir de la fumée pendant le jour et des flammes pendant la nuit. Elle est située dans le pays de *Tim*, à 160 de nos lieues communes

à l'E. du lac *Aral*, et à 230 aussi à l'E. de la mer Caspienne;
39° de latitude N. et 65° de longitude à l'est du méridien de Paris. Le pays de *Tim* fournit du sel ammoniac.
(*Operis cosmographici Ibn el Wardi, caput primum : de
regionibus et oris. Ex cod. Upsaliensi edidit et latinè vertit
A. Hylander, theol. doct. ac professor. Lundæ, 1823.*)

M. Léopold de Buch dit qu'on doit compter avec autant
de raison, parmi les volcans actifs du continent asiatique,
les montagnes brûlantes de *Sibérie*, qui fournissent du sel
ammoniac; elles se trouvent près le *Chatanga*, dans
la partie septentrionale de la contrée arrosée par le *Je-
nisey*, et vers les sources du *Wilui*, au-delà de *Jakutsk*.
(Strahlenberg, *Nord und ostl Asien*, 1730, p. 311,
324, 377.)

Les monts *Himmalaya* (Indostan), sujets à de fréquents
et violents tremblements de terre, et présentant des sources
chaudes dans les défilés (l'une d'elles, celle de *Badari-
nath*, à 58° 88 centigr.), n'offraient jusque dans ces derniers
temps aucune trace des feux volcaniques qui sont ordinairement la suite de ces secousses souterraines. Il paraît que,
dans le commencement de l'année 1825, cette cause agis-
sante a enfin produit une éruption. Ce phénomène a eu
lieu, dans le district de *Purneah*, sur une des plus hautes
montagnes de la chaîne, qui est parfois visible de la rive
orientale du *Burhampouter*. D'après une lettre datée de
Thoon ke Purneah, le 13 juin 1825, on aperçut, dans les
premiers jours de février, une colonne de fumée très épaisse
qui s'élevait à une hauteur considérable du sommet de
cette montagne, et qui fut visible jusqu'à la saison des cha-
leurs; personne ne vit de flammes. (*Edim. Journ. of sciences*, avril 1826, p. 209.)

D'après l'extrait d'un voyage dans le pays des Birmans,
aux sources d'huile de pétrole et aux volcans de Memboo,
extrait inséré dans le *London and Paris observer*, 4 décembre 1825, il paraîtrait qu'il existe un assez grand

nombre de petits volcans actifs dans le voisinage desquels on trouve des sources d'huile de pétrole et d'eau salée.

D'autres parties du continent asiatique paraissent avoir été jadis en proie aux éruptions volcaniques ; la région à l'est de *Thyatira*, dans l'Anatolie, (région nommée par les anciens *Katakekauméné* ou *Pays brûlé*), le bassin du *Jourdain* en Syrie, les montagnes de *Daourie* dans la Sibérie orientale, offrent beaucoup de traces d'anciens volcans.

La péninsule du *Kamtschatka* renferme un plus grand nombre de volcans qu'on ne l'avait cru jusqu'à présent. Deux chaînes de montagnes très différentes dans leur composition se font remarquer dans cette partie de la Sibérie. L'occidentale n'offre aucune trace de volcan, tandis que l'orientale, au contraire, se compose et de pics très élevés qui brûlent encore actuellement, et d'autres qui, sans être en éruption, présentent tous les caractères des volcans. L'*Atlas* de Krusenstern en retrace parfaitement l'ensemble et ce qu'ils ont de particulier dans leur forme. Ce sont de véritables fourneaux élevés au-dessus d'une crevasse qui traverse l'intérieur de toute cette contrée. Les sources chaudes et l'abondance du soufre, qui, en plusieurs endroits, couvre le rivage en forme de gravier, prouvent assez que toute cette chaîne de montagne est la proie du feu. Elle se lie avec les volcans du *Japon*, de *Liquejo*, de *Formose* et des *Philippines*. Voici l'énumération de ces pics volcanisés :

Le Mont Opaliuski ; Pic Koscheleff (Krusenst.). — Chwostow le regarde comme plus élevé que le pic de *Ténériffe*. Après une longue interruption, il a recommencé à être agité vers la fin du siècle dernier. (Lat. 51° 21' ; long. Grew. 157° E.)

Le second Pic. Lat. 51° 32' ; long. 157° 5' E.

Le troisième Pic. Lat. 51° 35' ; long. 157° 34' E.

Le quatrième Pic. Lat. 52° 2' ; long. 157° 52' E.

Le Pic Poworotnai. Lat. 52° 22'; long. 158° 18' E.

Le Pic Wiliutschinskoy, Viloutchinskaya ou *Paratunka-Sopka.* Lat. 52° 39'; long. 158° 21' E. — A la distance de 22 milles marins, son sommet est à 2° 47' au-dessus de l'horizon, ce qui suppose une hauteur de 6444 pieds de roi (Horner).

Le Pic Awatschinskoy, au N. O. de la baie d'*Awatscha.*

Le Pic Streloschnoy, ou volcan d'*Awatscha,* au N. de la baie de ce nom. — Sa plus grande éruption est celle de 1737; elle fut accompagnée d'un violent tremblement de terre et d'une agitation extraordinaire de la mer, qui envahit et inonda la terre. Une autre éruption eut lieu en 1779, pendant que le capitaine Clerk était au Hâvre de St.-Pierre-St.-Paul. En 1787, La Peyrouse et ses compagnons voyaient continuellement de la fumée et des flammes au sommet de la même montagne. Elle exhale de temps en temps de la fumée. Elle serait élevée de 10,704 pieds de roi, suivant le docteur Horner.

Schupanowskaja-Sopka, à l'embouchure du *Schupanow,* entre le fleuve et le cap *Schipum.* — Il est douteux que ce soit un volcan.

Tobaltschiuskoy. Lat. 55° 30'. — Volcan au milieu de la grande plaine du *Kamtschatka,* et toujours appartenant à la même chaîne. Il fume constamment. Il a été en grande activité, surtout en 1793. Lesseps en a encore aperçu un autre dans son voisinage : c'est sans doute celui que M. Stein appelle *Kamskaikoi-Shapka.* Celui-ci est très élevé. Depuis 1728, il a éprouvé de fréquentes éruptions d'une force considérable : quelques-unes d'entr'elles ont recouvert de cendres, dans un rayon de 300 kilomètres, le pays à l'entour du volcan.

Kronotzkoi. — Ce volcan est peut-être le second de ceux aperçus par Lesseps (*Reisen ubers. von Forster,* p. 86). Il paraît être situé à l'est d'un lac. Lat. 54° 50' (Steller).

Klutschewskaja. Lat. 56° 10′, de 7 milles au S. de *Nischnei-Kamtschatka*. — C'est le volcan le plus élevé de cette presqu'île, et le dernier vers le Nord. Ses flancs sont recouverts de glace. Souvent les laves qui coulent du sommet sont arrêtées par les glaces, qu'elles brisent et poussent devant elles ; alors elles roulent, mêlées avec des masses de glaces, sur le penchant de la montagne, en faisant un bruit qui porte l'épouvante à 100 werstes à la ronde. Il y a beaucoup de soufre au pied du cône. Le cratère, qui a une werste d'étendue, mais dont la forme varie souvent, lance continuellement des flammes, des étincelles ou des vapeurs ; ces dernières, blanches et épaisses, sortent sous la forme de grosses boules, qui se transforment ensuite en anneaux et disparaissent dans l'atmosphère. Avant 1762 ce volcan était terminé en pointe : peu à peu le cratère s'abaissa et le sommet s'applatit ; mais, depuis 1772, la lave s'est élevée de nouveau, et la pointe terminale a reparu. En février 1821, forte éruption qui fut précédée de plusieurs secousses violentes et continues. Ce phénomène occasionna l'affaissement des deux tiers du cône d'*Alaïde*, petite île de forme conique, de la société des *Kurilles*. — Cette montagne peut être aperçue des îles *Behring*, ce qui suppose une hauteur au moins égale à celle du pic de *Ténériffe* (Sauer, *Billing's Exped.*, 1802, p. 306.)

Schevelatsch ou *Krasnaja-Sopka*, à 80 werstes au N. du précédent, près des sources de *Iltschusch* et du *Bakus*, qui coulent dans le *Kamtschatka*, et de celle du *Tigil.* (Sauer, *loc. cit.*, p. 306.)

Plusieurs de ces montagnes volcaniques, ou *Sopka* ou *Shapka*, sont éteintes depuis long-temps. Le nombre de celles qui sont encore actives n'est pas fixé.

(Voir, pour plus de détails, *Krascheninikof's Beschr. von Kamt.*, 1766. — *Voyage à la montagne volcanique de Stréloschnaya-Shapka, au Kamtschatka, fait dans le courant des mois d'août et de sept. 1814 ; St. = Pétersburg Zeitschrift ; mars 1825, p. 333.*)

§ II. *Volcans des Îles.*

Archipel du Japon.

Il y a un assez grand nombre de volcans dans cette partie de l'Asie. Ils font suite à ceux des *Philippines*, et sont liés à ceux des îles *Kurilles.*

Tanega-Sima, ou l'*île de Soufre*, à l'est de *Kiu-Siu.* — Selon Kæmpfer, elle serait sortie du sein de la mer en 1694, ce qui ne paraît pas probable, à cause de son étendue.

Fuego ou *Vulcanus.* — Petite île qui lance continuellement des vapeurs sulfureuses et de la fumée.

Aso, au N. de *Salzuma.* — Des flammes sortent continuellement de son sommet ; et sa base est entourée de sources d'eau chaude. (*Kampf. Jap. von Dohm*, 1, 120.)

Unsen, sur la presqu'île de *Nangasaki.* — Cette montagne, autrefois large, unie, mais peu élevée, lançait des vapeurs qu'on apercevait de trois milles de distance. (Kampf., 1, 120.) Mais, le 18 du premier mois (1793), elle s'abîma et laissa à sa place une excavation si profonde, qu'en y lançant une pierre on ne l'entendait pas frapper le fond. Pendant plusieurs jours il en sortit de la fumée. — Le 6 du second mois, le volcan *Bivo-no-Koubi* s'ouvrit à un demi-mille de son sommet : il en sortait des flammes qui s'élevaient à une grande hauteur ; la lave qui en découlait était si abondante, sa marche était si rapide, que tout ce qui existait sur un espace de plusieurs milles devint la proie des flammes. Le 1er du troisième mois, à dix heures du soir, un violent tremblement de terre se fit sentir dans toute l'étendue de *Kiu-Siu* (Kidjo), et principalement à *Simabara* ; il renversa des montagnes et des édifices, et des crevasses se formèrent sur le sol. Pendant tout ce temps la lave ne cessa de couler. (Titsingh, *Mém. des Djogouns*, par Abel Remusat, 1820, p. 203.) Le 1er du quatrième mois, la terre trembla de nouveau pendant des heures entières : les secousses étaient si fortes que des montagnes s'écroulèrent en entraînant avec elles des villages entiers ; on entendait des bruits affreux au-dessous de la surface de la terre. Tout-à-coup la montagne *Miyi-Yama* sauta en l'air et retomba dans la mer ; les vagues soulevées engloutirent beaucoup d'habitations situées près du rivage, en même temps que les eaux qui sortaient en abondance des ravins des montagnes inondaient tout le pays. En peu d'instans, *Simabara* et *Figo* ne furent plus qu'un désert : on estime le nombre des hommes qui ont péri à 53,000.

Firando, la plus occidentale des îles *Kiu-Siu*. — Près d'elle se trouve un petit rocher qui brûle toujours (Kampf., 1, 120). Tous ces volcans sont à peu près dirigés du S.-E. au N.-O.

Fatsisio. — Selon Kampfer, une île s'est élevée dans ses environs, en 1606. Il est vraisemblable que c'est elle que Broughton a vu fumer en 1796 (Hoff, 11, 421). D'après son dessin, elle paraîtrait avoir 3000 pieds d'élévation, et serait située plus près de *Jedo*.

Fusi. — C'est le volcan le plus considérable et la montagne la plus élevée du Japon. Il est un peu moins haut que le pic de *Ténériffe*. Il se trouve un peu au S.-O. de *Jedo*, dans la province de *Suruga*. — Son sommet, couvert de neige, ne lance que de la fumée : autrefois il en sortait des flammes, qui ont disparu lorsque les flancs de la montagne se sont ouverts (*Kampf.*, 1, 120).

Alamo, dans la province centrale de *Sinano*, au N.-O. de *Jedo*. — Le premier août 1783, après un violent tremblement de terre, des flammes sortirent du sommet de la montagne ; elles furent suivies d'une telle quantité de sable et de pierres, que la clarté du jour fut remplacée par d'épaisses ténèbres. Les habitants des environs voulurent fuir, mais le sol qui s'entr'ouvrait partout les engloutissait, et le feu sortant des crevasses brûla les habitations ; vingt-sept villages disparurent. Un bruit horrible accompagnait cette catastrophe, et une pluie continuelle de pierres incandescentes, de quatre à cinq onces, forma à *Yasouya* une couche de quinze pouces, et de trois pieds à *Matseyda*.

Le 14 août, à dix heures du matin, un fleuve de soufre mêlé avec de la boue, des pierres et des gros fragments de rocher, sortit du haut de la montagne et coula jusque dans le fleuve *Asouma-Gawa*, dont les eaux débordèrent et inondèrent tous les terrains adjacents. Le nombre des victimes de ce désastre est incalculable. — Le dessin japonais colorié et couvert de flammes, joint à la relation, prouve évidemment que, pendant cette éruption, une grande quantité de cônes s'étaient formés au-dessus d'une crevasse et agissaient comme des soupiraux par lesquels sortait le feu. Il est vraisemblable que beaucoup de villages ont été recouverts, comme en 1730, à *Lancerote*. (Titsingh, *Mém. des Djogouns*, p. 180).

Pic Tilésius, sur la côte occidentale de *Niphou*, un peu au S. du détroit de *Sangar*. — Il est très élevé et couvert de neige. Suivant M. de Buch, il serait possible que cette montagne, que le docteur *Tilésius* appelle toujours un volcan, ne fût autre chose que le *Mont-Jesan*, dans la partie septentrionale du *Japon*, à sept milles de *Nambu*, qui lance fréquemment de la ponce, souvent même jusques dans la mer. (Georgi, *Russ. Reise*, 1775, 1, 4.)

Les deux petites îles *Oosima* et *Coosima*, près du cap *Sangar*, sont volcaniques. La dernière est sous la forme d'un pic qui fume toujours : son sommet seul s'élève au-dessus de l'eau à 150 pieds seulement : c'est probablement le plus petit volcan de notre globe. Il est situé entre

le 41° de latitude et le 120° 14' 45" de longitude (1).
— *Oosima*, qui est à peu de distance de la précédente
et à l'ouest, est un peu plus grande. (Tilésius, *Mém.
de l'Acad. impériale des Sciences de Pétersbourg*, t. x,
p. 309, 1826.)

Volcan de Matsmai, quatre milles à l'est de *Chacodade*.
Broughton a vu beaucoup de fumée en sortir du côté du
nord. (*Voy. to the north. Pacif. Oc.*, 1804, p. 94.)
Latit. 41° 5'; longit. Grew. 14° 10' E.

Autre *volcan*, à 4 milles au N. de *Chacodade*. Lat. 42° 6';
longit. Grew. 140° 40' E. (*Ricord in Golownin's Gefang.*,
ii, 236. — Broughton, p. 102.)

Volcan au nord de *Vulcansbay*, sur *Matsmai*, et près
la côte S. E. de la baie de *Strogonof*. — Il a été vu par
Krusenstern, auprès du pic *Rumosski*. C'est sans doute le
3e des volcans observés par Broughton dans ces parages.
(Id. , p. 104.)

Archipel de Lieu-Kieu, ou de Lequeyo.

Dans cet archipel, ou plutôt cette série de petits
archipels qui forment, depuis l'île de *Kiu-Siu*, la plus
méridionale des grandes îles du *Japon*, une espèce de
chaîne qui aboutit à l'île de *Formose*, il y en a une
nommée *Lung-Hoang-Chau*, c'est-à-dire *l'île du Soufre*,
parce qu'on y en recueille beaucoup, qui paraît être le
siége d'actions volcaniques. Cette île jetait une épaisse
fumée sulfureuse, quand la *Lyra*, commandée par le
capitaine Basil Hall, passa dans son voisinage, le 13 septembre 1816.

---

(1) M. Horner lui donne 700 pieds de haut environ (Léopold de
Buch).

Archipel des Kouriles ou Kurilles.

La chaîne des *Kouriles* est une prolongation de la chaîne volcanique du *Kamtschatka*, et paraît consister en une suite de montagnes volcaniques dont plusieurs sont encore sujettes à des éruptions. Voici les renseignements que l'on possède à ce sujet.

Volcan sur *Iturup*, au N. d'*Urbitsch*, à peu près au milieu de la côte occidentale de cette île étroite et alongée, la 19ᵉ des *Kouriles*, d'après la carte de Golownin et les *Neu Nord. Beitr.* (IV, 112), où elle est désignée sous le nom d'*Etorpu*. C'est le *Staatenland* des anciennes cartes. (*Golow. Gefang.*, p. 28.)

Tschirpoi (*Torpoi*, *Krusenstern Hydrogr.*, p. 88). — Ce sont deux petites îles contenant chacune un volcan. (*Neu Nord. Beitr.*, loc. citat.)

Le *Pic La Peyrouse*, sur l'île *Marekan* ou *Simasir* (La Peyrouse, *Voy.* III, 96).

Uschischir, la 14ᵉ île. — Volcan, avec des sources chaudes jaillissantes, près du rivage. (*Neu Beitr.*, loc. citat.)

Matua (*Raschkoke* de Krusenstern, et *Mutowa* du *Neu Nord. Beitr.*) — Elle contient le pic *Sarytschew*, qui présente un cratère sur sa partie occidentale, d'où sort continuellement de la fumée d'un gris jaunâtre. Sa hauteur est de 4227 pieds, d'après M. Horner.

Ruschkoke (*Neu Nord. Beitr.*); la onzième de ces îles.

Jkarma; la 8ᵉ île. — Des sources chaudes et sulfureuses coulent près du rivage. On a quelquefois aperçu du feu sortir du volcan. (*Neu Nord. Beitr.*)

Onekatan. — Elle possède trois volcans observés par l'amiral Sarytschew.

Paramusir ou *Poromu-Schir*. — C'est la plus grande des petites *Kouriles*. Un pic élevé se montre sur sa partie septentrionale. — C'est la continuation des cônes de la côte orientale du *Kamtschatka* , qui se suivent avec un ordre remarquable. (Stiller, *Kamt.* , 1774, p. 46. — Cook , 3° *Voy.*)

Alait ou *Alaïde* , un peu à l'O. et en dehors de la ligne. — C'est une montagne en forme de cône, que l'on aperçoit de loin. Dès le 5 septembre 1802, Chwostow l'a vue couverte de neige (*Reise* , p. 138. — Stiller, p. 46). Après un long repos, elle a recommencé à fumer en 1790; et, en février 1793, il y eut une violente éruption (Sauer, 304).

On ne sait si le pic *Tshatschanoburi* , sur l'île *Kunashir* , et *Tschikitun* (île *Spanberg*) sont des volcans; on le présume.

Le *Pic de Langle* , île au N. O. de *Matsmai* , est aussi vraisemblablement un volcan; il s'élève à 5,020 pieds de roi, d'après M. Horner.

Ile Gebel-Tar ou Gebbel-Taer.

Cette île , longue , du N. au S. , de 4 milles anglais, est située dans le golfe Arabique, devant *Loheia*. Lat. 15ª 38'. Dans son centre s'élève une montagne pyramidale , de même nom qu'elle, dont le sommet présente quatre ouvertures qui émettent constamment de la fumée et quelquefois du feu. L'île est entièrement déserte, et couverte de soufre et de ponce.

La plupart des îles, dans le golfe Persique , *Ormuz* . *Larck* , etc. , sont volcaniques et riches en fer (*Zeitschrift für Mineral.* , janvier 1826, p. 60 , et mars, p. 271).

Le *Pic d'Adam* , dans l'île de *Ceylan* , placé au rang des volcans par plusieurs voyageurs, ne montre aucune trace d'éruptions ni anciennes ni modernes, d'après M. John Davy , qui l'a visité en 1817.

AMÉRIQUE.

Les montagnes volcaniques brûlantes abondent dans cette partie du monde.

§ I. *Volcans du Continent.*

Groënland.

On en connaît trois qui paraissent former le prolongement de la chaîne volcanique des îles *Aleutes.* Un à l'extrémité du promontoire d'*Alaska*, au 55° de latitude, et 214° de longitude, a été reconnu par Cook ; il est d'une hauteur prodigieuse. Les deux autres, plus au N.-E. de cette pointe, ont été observés par ce navigateur et par La Peyrouse. (*Voyage de La Peyrouse.*)

Suivant La Peyrouse, don Maurelle a remarqué un volcan au 40° 48' de latitude N. du cap *Mendocino*, qu'il regardait comme en éruption violente ; on a reconnu plus tard que ce n'était qu'une illusion provenant de l'incendie d'une forêt allumée par les naturels du pays. (Roquefeuille, *Voyag. autour du Monde*, 11, 238.)

Californie.

Suivant le P. Alexandre Pérez, il y a cinq volcans dans la *Californie*, savoir : trois dans l'intérieur de cette grande presqu'île, et deux sur ses côtes maritimes (voyez *Histoire du Mexique*) ; mais on est peu certain de leur existence.

Suivant M. de Humboldt, le point le plus élevé de la *Californie*, qui a 4,600 pieds, pourrait bien être un volcan (*l. c.*, 11, 423) ; on trouve aussi sur sa grande carte, sous la latitude 28°, le volcan de *Las-Virgines*, avec l'indication qu'il a été aperçu en 1746. On ne sait rien de plus sur ces montagnes.

Mexique.

Le *Mexique* contient cinq volcans actifs, savoir :

Tuxtla, au S.-E. de la *Vera-Cruz*. — Sa dernière éruption, qui fut très considérable, eut lieu en 1793. Les déjections de cendres furent alors transportées jusqu'à *Perote*, à 57 lieues en ligne droite.

Pic d'Orizaba ou *Citlaltepetl* (montagne Étoilée). — On ne connaît pas d'éruptions récentes. Les plus violentes ont eu lieu depuis 1545 jusqu'en 1566. On doit une très belle vue de ce volcan à M. de Humboldt (*l. c.*, tab. 17). Il a 16,302 pieds, suivant le même auteur. (*Tableau des régions équatoriales*, p. 148. — *Vues et Monumens*, p. 233.) Les Indiens le nomment *Citlaltepetl*, ou *Montagne Étoilée*, à cause des exhalaisons lumineuses qui sortent de son cratère et jouent autour de son sommet, couvert de neiges éternelles.

Popocatepetl (montagne Fumante), ou *volcan de la Puebla*. — C'est la montagne la plus haute du Mexique; son élévation est de 16,626 pieds. Ce volcan fumait déjà du temps de la conquête du Mexique. Il est toujours enflammé. De temps immémorial il n'a pas jeté de laves. Il eut, en 1530, une violente éruption. En 1804, il vomit une énorme quantité de cendres et de fumée. Son cratère a une demi-lieue de circonférence, à ce qu'on dit; mais il est à présent inaccessible.

Xorullo ou *Jorullo*. — Dans la nuit du 28 au 29 septembre 1759, un terrain de trois à quatre milles carrés, situé au milieu d'une plaine, entre le volcan de la *Puebla* et celui de *Colima*, à trente-six lieues des côtes et à quarante-deux lieues de tout volcan actif, se souleva en forme de vessie; au centre d'un millier de cônes enflammés, six montagnes de quatre à cinq cents mètres s'élevèrent subitement au-dessus du niveau primitif des plaines voisines. La principale, le volcan de *Jorullo*, a 3703 pieds ; elle s'est élevée, en un seul jour, de 1480 pieds. Ses éruptions ont continué sans interruption jusqu'en février 1760 ; elle a maintenant moins d'activité. MM. de Humboldt et Bonpland descendirent dans le cratère embrasé, jusqu'à 258 pieds de profondeur perpendiculaire, sautant sur des crevasses qui exhalaient de l'hydrogène sulfuré enflammé ; ils parvinrent, après beaucoup de dangers, à cause de la fragilité des laves basaltiques et siénitiques, presque jusqu'au fond du cratère, où l'air était surchargé d'acide carbonique. (Humb., *Nouv. Esp.*, II, 290.)

Colima. — C'est le plus oriental de tous. Il fume souvent et ne vomit maintenant que des cendres. Il a 8619 pieds de haut, d'après l'estimation de don Manuel Abad (id., II, 309). Dampier, qui le vit en éruption, dit qu'il a deux bouches cratériformes, qui étaient alors en activité simultanément.

Outre ces volcans actifs, on en connaît beaucoup d'autres qui sont actuellement éteints, tels que :

Le *Nauhcampa-Tepetl* ou *Coffre de Perote*, au nord du pic d'*Orizaba*. — C'est une montagne de trachyte, de 12,534 pieds de haut, qui représente un sarcophage antique surmonté, à une de ses extrémités, d'une pyramide. (Humb., *Vues et Monumens*, pl. XXXIV.) Elle est entourée par des couches puissantes de ponce et de coulées de lave. Son sommet ne renfermant pas de cratère, elle a dû nécessairement avoir des éruptions latérales.

L'*Iztacci-Huatl* (ou *Femme-Blanche*, la *Sierra-Nevada* des Espagnols), au N. et sur la même chaîne que le volcan de la *Puebla*, a 14,750 pieds.

Le *Nevado de Toluca*, à 14,220 pieds. — Il a été gravi, le 24 mars 1826, par M. Burkart (*Karstens Arch.*, XV,

106). Son sommet, formé de trachyte, est escarpé et entouré d'un cratère qui contient deux lacs ; il a un quart de lieue de diamètre, et sa profondeur, depuis le bord supérieur jusqu'au niveau de l'eau, est de 1153 pieds de roi ; la partie la moins basse à l'est en a au moins 550. L'eau des lacs n'a aucun goût particulier ; cependant elle dépose du soufre sur le rivage.

Les volcans actifs et éteints du Mexique sont alignés, ainsi que l'observe M. de Humboldt, comme s'ils étaient sortis par une crevasse ou filon unique, dans une direction perpendiculaire à celle de la grande chaîne de montagnes qui traverse le Mexique du N. O au S. E. Le *Jorullo* est venu s'intercaler, en 1759, dans la traînée des volcans anciens. *Mexico* est situé au milieu de cette chaîne volcanique.

Guatimala et Nicaragua.

Dans la république de *Guatimala*, il y a trente-cinq volcans, dont quinze ont brûlé encore dans le dernier siècle. Ils sont placés sur une ligne entre les roches primitives de *Veragua* et *Oaxaca*, et entre le 11º et le 16º de latitude. Ces chaînes de grès et de micaschiste de *Veragua* les lient avec la chaîne occidentale de la *Nouvelle-Grenade*, et celle de granite et de grès d'*Oaxaca* les réunit au grand plateau du Mexique qui a été soulevé comme eux. Ce pays est donc un de ceux où l'intérieur du globe est le plus librement en communication avec l'air. Pas un seul de ces volcans n'a été examiné de près, et on ne sait presque rien de positif sur leurs éruptions ; mais on connaît mieux leur position le long de la côte. Tous les cônes volcaniques s'élèvent si haut et si rapidement, qu'ils frappent de loin les navigateurs qui les ont déterminés avec soin. Ces cônes sont si escarpés, si isolés en même temps les uns des autres, et tellement placés dans la même direction, qu'on semble retrouver ici les îles *Kurilles* ; en effet les pics paraissent souvent sortir de la mer et ne pas poser sur le sol, qui est très peu élevé. Il y a probablement des dômes trachytiques parmi ces volcans. Ceux-ci portent souvent plusieurs noms dans le pays, ce qui rend leur synonymie fort incertaine ; et on donne aussi le nom de volcan aux dômes trachytiques. Je vais essayer de commettre le moins d'erreurs en faisant l'énumération de ces volcans. Voici leurs noms, en commençant par le plus méridional.

Barua ou *Barna*, à sept milles au N. du *Golfo Dulce*.

Zapanzas, dans le port de *Velas*. — Funnel l'a mentionné (Dampier, IV, 59), mais d'autres auteurs n'en parlent pas.

Papagayo, à quatre mille toises de la côte et à cinq milles au N. du cap de *Santa-Catalina*. — C'est une montagne élevée et très remarquable.

Orasi ou *Osori*, entre le *Rio-Zabalu* et le *Rio-Ferluga* ;

Tenorio ;

Rincon de la Vieja ;

Ces trois volcans sont situés près le bord sud du lac de *Nicaragua*.

Au nord de *Nicaragua*, entre 10° 30' et 12° 50' de latitude, se trouvent les volcans suivants :

Mombacho ou *volcan de Grenada*, à l'E. de *Grenada*. — On le voit de la mer. C'est à tort qu'il est nommé *Bombacho* sur la carte du département de la Marine à Paris. Funnel dit qu'il a la forme d'une ruche.

Sapaloca, dans le lac de *Nicaragua*, au N. de l'île *Ometope*, selon Antonio de la Cerda. — Selon Juarros, il se trouve sur une île habitée que les Indiens nomment *Ometep*.

Masoya ou *Masaya*, entre *Ciudad de Grenada* et *Ciudad de Leon*, près du petit lac *Masaya* et au N. de *Rio Tepetapa*, qui réunit les lagunes de *Léon* avec le lac de *Nicaragua*. — Son cratère, qui a une demi-lieue de circonférence et deux cent cinquante brasses de profondeur, ne rejette ni cendres, ni fumée ; la matière enflammée qui y bouillonne répand une clarté visible à plus de vingt lieues : elle ressemble tellement à de l'or en fusion, que les premiers Espagnols la prirent réellement pour ce métal objet de leurs vœux, et que même leur téméraire avidité essaya, mais en vain, de saisir avec des crochets de fer une partie de cette lave singulière. (Gomara , *Historia de las Indias* , chap. 203).

Mormotombo ou *Mamotombo* , à l'est de *Léon*.

Malaya. — Son cratère n'a que trente pas de diamètre, mais la lave y bouillonne toujours.

Mindiri ou *Nidiri*. — Il a eu une violente éruption latérale en 1775 , et les laves coulèrent jusques dans les *Laguna de Léon*.

Ces deux volcans sont situés près des précédents.

Telica. — Plus élevé que toutes les montagnes voisines. Il fume beaucoup, et lance des pierres.

Viejo , près *Realexo*. — Très élevé et d'une très grande circonférence ; il est situé sur un terrain très bas, ce qui le fait ressortir davantage ; ordinairement il lance beaucoup de fumée.

Gilotepe ou *Cocivina* ou *Cosiguina* , dans l'intérieur du golfe de *Fonseca* ou *Amapalla* , sur la côte méridionale, et non loin du cap *Cosiguina*.

Guanacaure , tout-à-fait dans l'intérieur, à l'E. du golfe de *Fonseca*.

Ces quatre volcans sont situés entre *Léon* et la baie d'*Amapalla* ou *Fonseca*.

Les volcans qui suivent sont situés à l'O. d'*Amapalla*, sur une fente qui va de l'E. à l'O. , entre 13° 15′ et 13° 50′ de latitude nord :

San-Miguel. — C'est un très grand volcan.

Bosatlan.

Tecapa.

San-Vincente ou *Sacatecoluca*, près du *Rio del Empa*. — Il s'ouvrit en 1643, et donna issue à une coulée de lave (sulphur). Il lança en même temps des cendres (Funnel).

San-Salvador.

Isalco; situé entre plusieurs autres montagnes, toutes plus élevées. — Il a eu de violentes éruptions, notamment en avril 1798 et depuis 1805 jusqu'en 1807 : on en vit alors sortir fréquemment des flammes. Il fume très souvent et beaucoup. Il exhale beaucoup de sel ammoniac.

Apaneca; un peu à l'O. du précédent. — Funnel lui donne le nom de volcan de *Sonsonate* ou de *Trinidad*, à cause de son voisinage de la ville située près de la mer.

Pacaya; à trois milles du village *Amatitlan*, et à l'E. du volcan d'*Agua* de Guatimala. — Il se prolonge en une énorme croupe qui présente trois sommets visibles au loin. Des coulées de lave, de la ponce, des scories et du sable, ont dévasté tout le pays environnant. A la fin du 16e siècle, des flammes sortirent jour et nuit du volcan (*Chronista Fuentes*, 1, liv. IX, cap. 9). Les plus célèbres éruptions sont celles de 1565, 1651, 1661, 1668, 1671, 1677 et celle du 11 juillet 1775 ; cette dernière sortit d'une éminence voisine du sommet, et plus basse que lui.

Agua. — C'est une des plus hautes montagnes du centre de l'Amérique, entre *Antigua-Guatimala*, *Mixto-Amatitlan* et *San-Cristoval*. Sa hauteur doit être entre 1750 et 2400 toises. M. Hall lui en donne 2,330. Il a rejeté de l'eau ; ses éruptions sont probablement semblables à celles de l'*Imbaburu*, dans le royaume de Quito.

Volcan de Fuego, ou de *Guatimala;* cinq milles à l'O. du *volcan d'Eau* (Wasser vulcan), et à deux milles S. E. de la ville *Antigua-Guatimala*. — Il se compose de deux pics près l'un de l'autre. Suivant les observations du capitaine Basil Hall, ils sont plus élevés que le pic de *Ténériffe*. L'un d'eux, dit Funnel, lance souvent du feu, principalement dans la saison des pluies, depuis le milieu d'avril jusqu'au commencement d'octobre. Selon Humboldt, ce sont les seuls volcans de cette ligne qui se couvrent de neige. Les plus grandes éruptions sont celles de 1581, 1586, 1623, 1705, 1710, 1717, 1732 et 1737.

Acatenango.

Toliman.

Atitlan. — Très grande montagne qui fume toujours.

Tajamulco, près de *Texulta*, dans le *Quetalzinango.* — Il est souvent en éruption, et il a fourni à l'armée d'Alvarado du soufre pour faire de la poudre.

Sunil, au S. de *Quetalzinango*, et à une distance du volcan de *Pacaya*, moindre que 23 milles marins.

Suchitepèques, ou, *Suchilsepègues.*

Sapotitlan. — Suivant Funnel, il brûlait violemment avant l'arrivée des Espagnols au Mexique.

Las Hamilpas. — Montagne très élevée, ou plutôt deux volcans voisins l'un de l'autre.

Soconusco, entre 15° 58′ de latitude et 93° 23′ de longitude. — C'est le dernier et le plus septentrional des volcans de la longue série de *Guatimala*. On n'en revoit plus qu'à 220 milles de distance, et le premier, c'est *Colima* (Mexique). Le *Soconusco* est la montagne la plus haute de toutes celles qui l'entourent ; le pays est lui-même très élevé. Il est en forme de pain de sucre, à deux ou trois *leagues* de la côte ; il fume quelquefois, mais rarement.

Les lignes des volcans entre *Nueva - Guatimala* et *Sapotitlan*, ont l'air d'être deux fentes dirigées de l'E. à l'O. Elles ressemblent à une fente de filon qui aurait été séparée en deux par une faille, et dont les deux parties auraient été éloignées de quatre lieues de distance. Sur la fente E. sont les volcans de *Pacaya*, d'*Agua*, de *Fuego* et d'*Acatenango* ; sur l'autre sont les volcans de *Toliman*, d'*Atitlan* et *Sunil*.

(Extrait de lettres de M. de Humboldt; *Hertha*, 2e
année, 6e vol., 2e cahier, 1re partie, p. 131. — Voir
aussi *Compendio de la Historia de la Ciudad de Guatimala*,
2e vol., 1809—1818, par Domingo Juarros, et les manuscrits de Antonio de la Cerda, alcade de Granada).

Nouvelle-Grenade.

Cette province, dans l'Amérique méridionale, renferme
quatre volcans.

Sotara, au S. E. de *Popayan*. — C'est un cône
tronqué qui, par sa couleur noire et sa forme, présente un aspect effrayant. Depuis 50 à 60 ans, son sommet
a changé de forme; autrefois il était pointu, maintenant
il est large, et on remarque son affaissement sous la
neige (Humboldt).

Puracé, ou *Paracé*, à l'E. de *Popayan*. — C'est une
pyramide quadrangulaire tronquée, haute de 13,648 pieds,
composée supérieurement d'obsidienne, et, depuis la vallée
jusqu'à 8000 pieds, entourée de granit (Humb., *Niv.
barom.*, p. 24). Sa dernière éruption est du 18 novembre
1827; elle a été précédée d'un violent tremblement de terre
qui a détruit la ville de *Popayan*. (*Globe*, 22 mars 1828;
et *Bulletin des Sc. nat. et de Géologie*, juin 1829, p. 355,
t. 17.)

Pasto, au N. de la ville du même nom, et tout-à-fait
séparé des Cordillières. — Il est souvent couvert de neige.
Il a environ 12,600 pieds d'élévation. Son cratère est placé
de l'autre côté de *Pasto*, de sorte qu'on ne peut l'apercevoir de la vallée. Au sommet d'une élévation, dans l'intérieur de ce cratère, se trouvent deux ouvertures d'où sortent sans cesse, non-seulement de la fumée, mais aussi des
flammes. En novembre et décembre 1796, il s'en éleva une
colonne de fumée si haute, qu'on l'apercevait de *Pasto*,
phénomène auquel on n'était pas accoutumé. Cette colonne

disparut en février 1797, lorsque la province de *Quito* fut
ravagée par des tremblements de terre.

Volcan près *Rio-Fragua*, à l'E. des sources de la *Magdeleine*, au N. O. de la mission de *Santa-Rosa*, et à l'O.
de *Puerto del Pescado*. — Il fume continuellement. (Humboldt, *Relat. hist.*, II, 452.)

Vénésuéla.

Pic de Tolima. — C'est un volcan actif, suivant M. Roulin. De *Santana*, il a vu, plusieurs matins de suite, la fumée s'en élever en colonne verticale. L'on n'avait observé,
de mémoire d'homme, rien de semblable avant le tremblement de 1826. M. Roulin a trouvé, dans une histoire iné-
dite de la conquête, écrite en 1623, le détail très circon-
stancié d'une éruption de ce volcan. C'était le 12 mars
1595; après trois violentes détonations, on vit fondre tout-
à-coup toute la neige du sommet; deux rivières qui prennent
leur naissance près de là, furent un moment arrêtées dans
leur course, puis causèrent une inondation très étendue,
roulant avec leurs eaux des pierres-ponces et des quartiers
de rocs énormes. Leurs eaux furent infectées, et pendant
quelque temps on n'y trouva aucun poisson. Ce volcan, peu
connu des voyageurs qui ont jusqu'ici visité cette partie de
l'Amérique méridionale, est distant de quarante lieues au
moins de la mer. (Lettre de M. Roulin à l'Académie des
Sciences, en date du 4 mai 1829, sur les circonstances
qui accompagnent les tremblements de terre en Amérique,
dans la république de Vénésuéla ; *Ann. de Chimie et de
Phys.*, t. 42, p. 410.)

Province de Los Pastos.

Elle renferme trois volcans :

Chiles, situé sur une chaîne perpétuellement couverte de

neige, à l'O. de *Tulcan*. (Humb., *Atl. pittor.*, p. 26.)

Cumbal, au N. du précédent, auquel il est réuni. — Il peut avoir 13,600 pieds de haut. Il offre plusieurs cratères près de son sommet et un peu plus bas ; ils lancent continuellement une grande quantité de vapeurs et de fumée. Il paraît qu'il n'a jamais eu d'éruption violente (Humboldt).

Azufral, encore plus loin, au N., et toujours dans la même chaîne. — Montagne dont le dos est dentelé, et dont le flanc s'abaisse doucement au S. et se perd dans la plaine. Le sommet est rarement visible et contient plusieurs cratères fumants, mais la fumée ne peut pas s'apercevoir du pied, comme au volcan de *Cumbal*. Un de ces cratères présente un marais sulfureux bouillant ; d'énormes masses de soufre, tantôt en amas, tantôt en filons, traversent le trachyte dans tous les sens (ibid.).

Groupe de Quito.

Toute la partie élevée de *Quito*, ainsi que les montagnes avoisinantes, semblent reposer, selon M. de Humboldt, sur un énorme souterrain volcanique qui s'étend du S. au N., et qui occupe un espace de plus de six cents milles carrés. Voici quelles sont les bouches enflammées de cette chaîne :

Sangay, hors de la chaîne orientale, au pied de la pente. (Humb., *Relat. hist.*, II, 452.) Il a néanmoins 16,080 pieds de hauteur. (La Condamine, *Mes. des trois premiers degrés*, p. 56.) — Personne ne l'a visité, mais il fume constamment, et en 1742, on vit sortir de son cratère des flammes qui s'élevaient au-dessus de la chaîne de montagnes.

Tunguragua. — Il est élevé de 15,471 pieds. Il a eu une éruption en 1641.

Cotopaxi, dans la chaîne orientale ; haut de 17,662 pieds. — C'est une cône immense, et, de tous les volcans de *Quito*, c'est celui dont les explosions ont été les plus fréquentes et les plus dévastatrices. Les scories et les quartiers de roches lancés par lui couvrent les vallées environnantes sur une étendue de plusieurs lieues carrées. Il eut une éruption en 1742, pendant que Bouguer et La Condamine mesuraient, dans le voisinage, un degré du méridien ; les neiges fondirent et se précipitèrent dans la plaine ; 600 maisons et 7 à 800 personnes périrent. Les éruptions de 1743 et 1744 furent encore plus désastreuses. Les mugissements du volcan furent entendus jusqu'à *Honda*, ville située sur les bords de la *Magdeleine*, à une distance de deux cents lieues communes. En 1758, des flammes s'élevèrent au-dessus des bords du cratère, à la hauteur de quatre cent cinquante toises. Le 4 avril 1768, la quantité de cendres vomies fut si grande que, dans les villes d'*Hambato* et de *Tacunga*, la nuit se prolongea jusqu'à trois heures de l'après-midi. L'explosion qui arriva au mois de janvier 1803 fut précédée de la fonte subite des neiges qui couvraient la montagne. Depuis plus de vingt ans, aucune fumée, aucune vapeur visible n'était sortie du cratère, et, dans une seule nuit, le feu souterrain devint si actif, qu'au soleil levant les parois extérieures du cône, fortement échauffées, se montrèrent à nu et sous la couleur noire qui est propre aux scories vitrifiées. Au port de *Guayaquil*, dans un éloignement de cinquante-deux lieues en ligne droite du bord du cratère, M. de Humboldt entendit, jour et nuit, les mugissements du volcan, comme des décharges répétées d'une batterie. (Humb., *Vues et Monumens*, pl. x.) Lors de l'éruption de 1523, des pierres de douze à seize toises cubes furent lancées à plus de trois lieues de distance, suivant les académiciens français, puisqu'elles formaient en tout sens des traînées dirigées vers le volcan. Il ne paraît pas que le Vésuve ait jamais lancé des pierres à plus de 1,200 mètres de hauteur !

Sinchulagu, à quelques milles au N. du précédent. — Son éruption de 1660 suffit pour le faire regarder comme un

volcan actif. Il a 15,420 pieds de haut. (*La Condamine,
Mes.*, p. 56.)

Guachamayo, au pied des montagnes du côté de l'Orient,
près des sources du *Rio-Napo*. (Humb., *Rel. hist.*, 11, 452.)

Antisana, dans la chaîne orientale ; élévation de 17,956
pieds, suivant M. de Humboldt. — C'est le seul des
volcans de *Quito* près du sommet duquel le naturaliste
prussien ait trouvé quelque chose qui ressemblât à une
coulée de lave : elle se rapprochait presque de l'obsidienne.
On trouve aussi sur les flancs des scories qui ressemblent au
pechstein et à la ponce. (*Niv. barom.*, p. 29.) On ne connaît pas d'éruption postérieure à celle de 1590.

Rucu-Pichincha. — C'est un des volcans les plus grands
de la terre ; son cratère, creusé dans un trachyte d'une
couleur très foncée qui ressemble au basalte, a été comparé,
par La Condamine, au chaos des poètes. Cette bouche immense était alors remplie de neige ; mais M. de Humboldt
la trouva embrasée. « La bouche du volcan forme un
« trou circulaire de près d'une lieue de circonférence,
« dont les bords, taillés à pic, sont couverts de neige
« par en haut. L'intérieur est d'un noir foncé ; mais le
« gouffre est si immense que l'on distingue la cime de
« plusieurs montagnes qui y sont placées ; leur sommet
« semblait être à deux ou trois cents toises au-dessous
« de nous. Jugez donc où doit se trouver leur base. Je
« ne doute pas que le fond du cratère ne soit de niveau
« avec la ville de *Quito*. » La dernière éruption date de
1660. M. de Humboldt en donne un dessin dans son
Atlas pittoresque, tab. 61.

Volcan d'Imbaburu, dans la partie occidentale de la
vallée, près de la ville d'*Ibarra* (ib., p. 27).

Le *Chimborazo* ne doit pas être porté sur la liste des
volcans brûlants, car on n'a conservé le souvenir d'aucune
de ses éruptions. C'est un dôme trachytique.

Il en est de même du *Cargavi-Raso* ou *Carguairazo*,

ou *Carquairaro*, près du *Chimborazo*. L'inondation boueuse qui, en 1698, couvrit dix-huit lieues carrées de terrain, ne fut pas l'effet d'une éruption proprement dite. Quand la montagne s'écroula, les eaux qu'elle recelait dans son sein se précipitèrent dans la plaine avec impétuosité, et occasionnèrent les désastres dont parlent les historiens de l'Amérique. (*Voyage hist. de don Antonio de Ulloa*, t. 1, p. 267). Cependant M. de Humboldt dit qu'il est difficile de croire que cet écroulement n'ait été produit que par un simple tremblement de terre (*Atl. pittor.*, p. 241).

La liaison du *volcan de Pasto* (Grenade), avec ceux de *Quito*, s'est manifestée en 1797, d'une manière bien frappante. Une épaisse colonne de fumée existait depuis le mois de novembre 1796, au-dessus de *Pasto*, comme il a été dit plus haut ; mais, au grand étonnement de tous les habitants de la ville du même nom, la fumée disparut tout-à-coup, le 4 février 1797. C'était précisément l'instant où, à soixante-cinq lieues plus au sud, la ville de *Riobamba*, près du *Tanguragua*, était renversée par un épouvantable tremblement de terre. (Humboldt.)

Pérou.

On ne connaît qu'un seul volcan véritablement actif, l'*Aréquipa* ou *Pic de Misté* ou *Misti*, au-delà des sources du *Maranon* et à l'extrémité du nœud formé par les montagnes dans lesquelles le lac *Titicaca* est renfermé. Il est à trois milles au N.-E. de la ville d'*Aréquipa*, dans la partie maritime de l'intendance du même nom. Le sommet est à trente-neuf milles et demi marins de la mer, à plus de trois mille mètres au-dessus de la vallée d'*Aréquipa*, et à environ quinze cents mètres de sa base. C'est le cône volcanique le plus parfait et le plus pittoresque de la chaîne des Andes. Le cratère, qui est grand, mais peu profond , s'ouvre au S.-E. , et le sommet n'est entouré que de blocs de pierres et de sable : on ne trouve de traces d'éruption qu'au pied. Le volcan est entouré par quatre pics de la montagne *Cacheni*, et on ne trouve sur la partie élevée de ses flancs que du trachyte et du porphyre noir. Il sort constamment du cratère des vapeurs et de petites quantités de cendres ; mais il n'a pas eu d'éruption depuis l'arrivée des Espagnols en Amérique. — Suivant M. S. Curson, ce volcan aurait 22,328 pieds, ou 7,253 mètres de haut (*Excursion au volcan supposé d'Aréquipa ou Pic de Misté, au Pérou*, par Samuel Curson, esq. ; *Bost. Journ.*, nov. 1823, p. 352); cette mesure nous paraît exagérée ; celle que lui donne M. Pentland est plus digne de croyance. Ce dernier naturaliste a trouvé 5,600 mètres. (*Ann. de Chimie et de Physique*, t. 42 , p. 431.)

Volcan d'Uvinas, à quelques milles à l'E.-S.-E. du précédent. — Il est moins élevé. Son immense cratère est actuellement éteint. C'est de ce volcan que partirent, dans le 16e siècle , les immenses quantités de cendres qui ensevelirent presque totalement la ville d'*Aréquipa*, et produisirent les effets les plus désastreux dans la contrée environnante. (Pentland , *loc. citat.*)

Sur le côté occidental de la montagne de *Tacora* ou *Chipicani*, il y a une solfatare d'où s'élève une grande quantité de vapeurs acides. C'est à leur condensation que les eaux du *Rio-Azufrado* doivent les propriétés d'où la rivière a tiré son nom. — La face orientale de la même montagne présente un cratère éteint , très étendu et à moitié éboulé. (Pentland , ibid.)

Quoique le Pérou ne renferme, de nos jours, qu'un seul volcan brûlant , il est peu de pays dans le monde où l'on ressente plus de tremblements de terre , et où ils fassent plus de dégats. Souvent ils occasionnent d'immenses crevasses sur lesquelles on doit jeter des ponts pour rétablir les communications entre les différentes provinces. Une de ces crevasses, à la suite d'un tremblement de terre qui détruisit *Lima* en 1746, avait une lieue de long sur deux mètres de large. (*Ann. des Longitudes*, pour 1824.)

Groupe du Chili.

Cette région renferme des volcans très élevés et très nombreux; ils suivent la direction des Andes, et sont placés entre le 27° de latitude sud et le 51°, et entre le 305° et le 307° de longitude. On ne connaît guère que leurs noms. On en compte seize dans l'*Historica Relaz. del regno di Cile, di Alonso d'Ovaglia* (Roma, 1646, p. 16); leurs noms sont les mêmes que ceux de la grande carte de La Cruz de Olmedilla. Voici l'ordre dans lequel ils se suivent sur la carte d'Amérique, par Brué :

Volcan de Saint-Clément, au S. des îles *Chiloë*.

Medielana.

Minchimadavri, vis-à-vis l'île *Chiloë*.

Quechucabi.

Guanegue.

Osorno.

Ranco.

Chinal.

Villarica.

Notuco, situé hors des Cordillières, sur un bras latéral, vers l'est.

Chinale.

Callaqui.

Antojo.

Tucapel.

Peteroa. — Il a eu une éruption latérale le 3 décembre 1762, et non en 1760 comme le dit M. de Hoff. (Molina, 2ᵉ édit., p. 39.)

Maypo. — La route du *Chili* à *Buenos-Ayres*, à travers les Cordillières, passe à son pied du côté du nord; à *Casa de la Cumbre*, elle atteiut une hauteur de 11,924 pieds de roi, ce qui surpasse celle du *Pic de Ténériffe*; le volcan placé au-dessus doit être bien plus élevé. La hauteur de *Saint-Jago*, à l'ouest de la chaîne de montagnes, et à vingt milles marins du sommet, est de 2458 pieds, et celle de *Mendoza*, à l'est et à douze milles des montagnes, de 4158 pieds, d'après les estimations faites en 1794 par MM. Bauza et Espinosa. Le docteur Gillier a été enveloppé, le 1er mai 1826, par une éruption de cendres qui provenait vraisemblablement de ce volcan. Depuis quelque temps il est très actif, et surtout depuis le grand tremblement de terre de 1822, qui détruisit *Valparaiso*. (Brewster, *Edimb. Journ.*, x, 376.)

Volcan de Saint-Jago.

Aconagua.

Ligua.

Chiapa.

Limari.

Coquimbo.

Copiapo. — C'est le dernier volcan de cette chaîne. Plus loin, les Cordillières s'élargissent, plusieurs ramifications s'en détachent et se portent à l'est. Ce n'est qu'à l'extrémité du grand désert d'*Atacama*, à 22° degrés de latitude, entre *Atacama* et *Tarapara*, qu'on indique de nouveau trois volcans appartenant à cette ligne; mais ils sont fixés avec trop peu de certitude pour qu'on puisse en faire mention ici.

Outre ces volcans, on en cite encore d'autres dans la chaîne orientale des *Andes*. Le missionnaire Havestadt (*Chilidugu*, Munster, 1777, p. 935) en a aperçu deux à l'est du village indien *Tomen*, à la latitude de 35° 30'. Le premier était nommé *Pomahuida*, à cause de ses éruptions fréquentes qui obscurcissaient l'air; tous les environs étaient recouverts de scories si mobiles qu'on y enfonçait, et que les bêtes de somme y perdaient leurs fers. Le deuxième est le *Decabeçado (Decapitato*, le vol-

can de *Longavi*) ; Havestadt a passé près de son pied ;
la description qu'il en a donnée ressemble à celle que
l'on pourrait faire du *Mont-Blanc*, vu de l'*Aiguille du
Midi*. (Léopold de Buch, *loc. citat.*)

Ce qu'il y a de remarquable, c'est qu'il n'existe aucun
volcan ni entre le 2ᵉ et le 16ᵉ degré de latitude australe,
ni entre le 17ᵉ et le 27ᵉ degré. Si le volcan d'*Aréquipa*
(Pérou) n'existait pas, la rangée de *Guatimala* et de
Nicaragua, les groupes de *Popayan* et de *Los Pastos*, se
trouveraient séparés de la longue traînée du *Chili* par un
espace de 25° en latitude totalement dépourvu de volcans.

Le *Chili* est, ainsi que le *Pérou*, sujet à de fréquents
et violents tremblements de terre ; et ce qu'il y a de remarquable, c'est que ces tremblements se font principalement
sentir à l'ouest de la grande chaîne de montagnes, et très
rarement ou même pas du tout à l'est : le même phénomène
se remarque aussi près de *Lima*, de *Guayaquil*, jusqu'aux
côtes du *Mexique*. On peut voir des détails très intéressants sur ces tremblements de terre dans les mémoires
du capitaine Basil Hall (*Journ. writ. on the Coast of
Chili*, 11, 25) et de MM. Graham (*Géol. Soc. trans.*,
sect. 1, 431.)

M. Arago fait remarquer qu'on ne trouve de volcans
actifs ni à *Buenos-Ayres*, ni au *Brésil*, ni à la *Guyane*, ni
sur le littoral de *Vénésuéla*, ni enfin aux *Etats-Unis*,
c'est-à-dire dans aucun point de la côte orientale de ce grand
continent (1). Il n'existe même à l'est des Andes que trois
petits volcans situés près des sources du *Caqueta*, du *Napo*
et du *Morona*, et qui probablement résultent, suivant M. de

---

(1) Cette observation n'est plus exacte par rapport à *Vénésuéla*,
puisque, d'après M. Roulin, cette province renferme un volcan
actif, le *Pic de Tolima*. (*Voy.* p. 196.)

Humboldt, des actions latérales des volcans de *Popayan* et
de *Pasto.* (*Ann. des Longitudes*, pour 1824.)

§ II. *Volcans des Iles.*

Iles Aleutes, Aleutiennes ou Aléoutiennes.

Ces îles présentent une seule et unique chaîne ; elles
ressemblent aux piles d'un pont immense qu'on aurait
voulu jeter de continent en continent. Elles décrivent, entre le *Kamtschatka* en Asie et le promontoire d'*Alaska*
en Amérique, un arc de cercle qui joint presque ces
deux terres ensemble. On y en distingue douze principales, accompagnées d'un très grand nombre d'autres petites îles et de rochers. On y connaît plusieurs volcans actifs.

Semi-Soposchna, renferme le premier volcan occidental
connu de cette série. D'après le dessin de Sauer (*Billing's
Exped.*, 1802, p. 277), ce volcan est pointu, mais peu élevé ; il est situé dans la partie méridionale de l'île. Les autres
points enflammés ne sont peut-être que des cônes d'éruption.

Rocher-Goreloi, à l'ouest de *Tanaga* (et non pas l'île
Goreloi, qui est plus à l'est.) — C'est un volcan haut et escarpé, qui s'élève uniformément depuis la mer jusqu'à son
sommet (Sauer, p. 221).

Tanaga — Ce volcan, situé dans la partie N. O. de
l'île, est peut-être le plus grand de cette série. Le cône,
qui s'élève rapidement, a près de dix milles géographiques
de contour, ce qui est presque autant que l'*Etna*. Le sommet est divisé en plusieurs pointes, dont la plus élevée fume
constamment, et des neiges perpétuelles, souvent recou-
vertes de cendres, enveloppent plus de la moitié de ce volcan. (Ibid. , p. 221.)

Kanaga ou *Kanaghi*, contient beaucoup de sources
chaudes qui sortent près du rivage, et dans lesquelles les
habitants font cuire la viande et les poissons. Autrefois on

recueillait beaucoup de soufre dans le cratère d'un volcan très élevé. (*Lasarew in Schlœzer's Nachr. von. den neu entd. Ins. Zwischen Asien n. Amer;* Hamb., 1776, p. 65. — Sauer, p. 226.)

Amuchta (*Schlœser's Nachr.,* p. 167.)

Umnak. — Les volcans de cette île, que l'on confond souvent avec *Unimak*, sont très actifs (Chamisso, p. 166). C'est dans ses environs qu'une île nouvelle apparut, en mai 1796. Nous en avons parlé chap. 3, p. 37.

Pic Makuschkin, dans la partie septentrionale d'*Unalaschka*. — Il n'a pas beaucoup plus de cinq mille pieds, puisqu'il est moins haut que le pic d'*Unimak*. C'est cependant le plus élevé de toute l'île. Il fume continuellement, et on recueille du soufre dans l'intérieur de son cratère ; il est séparé de toutes les autres montagnes. Il y a beaucoup de sources chaudes au pied du volcan ; on ne voit dans son voisinage aucun indice de lave ou de ponce. (Chamisso, 165.)

Akatan, entre *Unalaschka* et *Unimak*. (*Schlœzer's Nachr.*, p. 167. — Sauer, p. 163.)

Agaeidan, sur *Unimak*, la moyenne de trois montagnes élevées qui s'aperçoivent de très loin. — C'est un cône régulier dont le sommet lance une grande quantité de fumée. (Sauer, p. 164.) Il a 5167 pieds de roi, suivant l'évaluation de Kotzebuë.

Alaska. — Il y a deux volcans à l'extrémité d'*Alaska* ; ils sont placés sur le sommet d'une chaîne de montagnes granitiques et de schiste argileux, qui traversent cette presqu'île ; ces montagnes, et les deux pics volcaniques, sont très élevés. Le premier, au N. O., qui s'est affaissé lors de la violente éruption de 1786, paraît être encore, malgré son sommet tronqué, le plus élevé, plus même que le pic d'*Unimak*. La neige recouvre, non-seulement le cône du volcan, mais encore le tiers de la base au-dessus de laquelle il s'élève. (Chamisso, p. 165.)

Volcan sur le rivage septentrional du passage de Cook,

avec un grand cratère du côté du fleuve. Il est placé tout-à-fait sur le sommet des montagnes et à l'endroit où cette chaîne est interrompue par le détroit de Cook. Les navigateurs regardent encore comme des volcans deux pics qui sont sur le prolongement de cette chaîne : le *Mont Saint-Élie*, dont la hauteur est de 16,758 pieds, suivant Malaspina (Humb., *Nouv. Mex.*, 1, 238 ; 11, 487 ; Krusenstern, *Hydrogr.*, p. 227), et de 16,971, suivant l'*Annuaire des longitudes* pour 1817 ; et le *Cerro de Buen-Tiempo*, qui a 13,819 pieds, selon Humboldt (*Mex.*, 11, 487), et 14,003, d'après le même annuaire.

Archipel des Îles Gallapagos ou Gallopagos.

Elles forment un groupe volcanique remarquable et très actif ; parmi les îles qui le composent, celle qui est le plus à l'ouest, *Narborough Island*, paraît être le volcan principal ; c'est le plus élevé d'après le capitaine Colnet (*Voyag. to the South Se.*, p. 144). Du milieu d'*Albemarle* s'élève un pic que l'île entoure comme un cratère d'érection ; il est vraisemblable que c'est ce pic que Scouler voyait brûler tous les soirs (Brewster, *Edimb. Journ.*, 212). Le lieutenant Schillibeer a trouvé sur cette île deux volcans en pleine activité, le 4 août 1814 ; il dit qu'elle est couverte de volcans, c'est-à-dire d'éruptions partielles (Schillibeer, *The Britton's Voyage*, 1817, p. 32.) — Toutes les autres îles de ce groupe sont couvertes de cônes volcaniques. Le capitaine Cowley, qui a nommé ces îles, en a aussi donné une carte ; mais sa description très courte ne fait pas connaître l'état dans lequel elles se trouvaient en 1785. (Dampier, *Supplém.*, iv, 10.)

Archipel Colombien ou des Antilles.

Les *Antilles* forment une chaîne d'îles qui s'étend en arc

de cercle, dont l'extrémité méridionale se rattache au cap
Paria, dans l'Amérique méridionale, tandis que l'extrémité
septentrionale se lie à la *Floride* par les îles *Bahama*.
Cette ligne est en communication avec la chaîne de montagnes primitives de *Caraccas*, par l'intermédiaire, sans
doute, des îles *Tortuga* et *Margarita*. Il existe un grand
nombre de volcans, tous peu élevés, puisqu'il s'en trouve
à peine qui atteignent six mille pieds. Ce sont néanmoins
de véritables volcans, et non de simples *solfatares* qui
auraient cessé de brûler et ne produiraient plus que des
vapeurs sulfureuses, comme quelques auteurs l'ont prétendu. L'expérience a démontré que l'action volcanique se faisait jour indifféremment par la *Guadeloupe*, *St.-Christophe*,
la *Martinique* ou *St.-Vincent*. — Les îles volcaniques des
Antilles se suivent toutes immédiatement, sans aucun intermédiaire : mais à l'E. se trouve une autre rangée d'îles moins
bien terminée, qui, jusqu'à présent, n'a offert que peu
de traces de l'action du feu, et qui ne contient pas un seul
volcan. Voici quelles sont les îles volcaniques :

Ile de la Grenade. — La *Morne-Rouge*, trois monticules
coniques de cinq cents à six cents pieds de haut, consistent
en scories et en matière vitrifiée ; c'est vraisemblablement
un cône d'éruption. Des colonnes de basalte, nommées
les *Orgues*, se montrent sur deux points de la côte. (*D*r
Chisholm on the Melig. Fever of the West Indies, 1812, t.
II, 22.) Il y a beaucoup de sources d'eau bouillante.

Saint-Vincent. — Le *Morne Garou*, volcan de l'île, et par
conséquent la montagne la plus élevée, a 4740 pieds (Dr
Chisholm). Il a jeté des laves en 1718 et 1812. Le 27 avril
de cette dernière année, des cendres sortirent du cratère ;
elles furent suivies de feu pendant la nuit ; dans celle du 29,
il vomit des flammes formant une pyramide élevée, et le
30, à sept heures du matin, la lave se fit issue à travers
le flanc N. O. de la montagne ; elle coula avec une telle
rapidité qu'en quatre heures de temps elle atteignit le ri-

vâge de la mer. A trois heures, il y eut une terrible éruption de pierres et de cendres, provenant du grand cratère, qui détruisit toutes les plantations de l'île. Les cendres furent transportées, par le contre-courant supérieur des alizés, jusqu'à la *Barbade*, située à trente lieues plus à l'Est. Cette éruption fut précédée de plus de deux cents secousses souterraines, qui se firent sentir pendant plus d'une année. (*Trans. of New-Yorck phil. Soc.*, 1815, 1, 318.)

Sainte-Lucie. — Le cratère nommé *Oualibou* se trouve sur une chaîne escarpée et stérile qui traverse l'île du N. E. au S. O., mais qui a tout au plus douze cents à dix-huit cents pieds de haut. (Humb., *Rel. hist.*, ii, 22.) Le tour du cratère est très élevé et rapide, surtout au S. E. Des vapeurs sortent de tous les points, et s'élèvent le long des flancs. Le fond en est occupé par 22 petits lacs, dont l'eau paraît être dans un bouillonnement perpétuel ; dans quelques-uns, l'agitation est si violente, que les vagues sont lancées à 4 et 5 pieds de haut. On trouve beaucoup d'endroits recouverts de soufre, et les ruisseaux qui sortent de la montagne contiennent beaucoup d'acide carbonique. On prétend que ce cratère a vomi des pierres et des cendres en 1766. (Cassan, *Stockh. Vetensk. Acad. nya Handl.*, xi, p. 163.)

La Martinique. — La *Montagne-Pelée*, dans le N. de l'île, contient un grand cratère ou une soufrière ; elle a 4416 pieds selon Dupuget. (*Journ. des Mines*, vi, 58.) D'autres petits cratères, s'élevant jusqu'à trois mille pieds, prouvent qu'il y a eu des éruptions latérales. Le 22 janvier 1762, il y eut une petite éruption précédée d'un violent tremblement de terre, et on vit sortir des vapeurs sulfureuses et de l'eau chaude. Le *Piton du Carbet*, au milieu de l'île, présente sur ses flancs des coulées de laves riches en felspath, et des colonnes de basalte dans les fonds, entre ce pic et celui de *Vaudlin*, le 3e de l'île. (Moreau de Jonnès, Humb., *Rel. hist.*, ii, 22.)

27

La Dominique. — Masse confuse de montagnes, dont les plus élevées ont cinq mille sept cents pieds de haut ; elles contiennent plusieurs solfatares qui ne sont pas encore épuisées et qui causent fréquemment des éruptions sulfureuses. (Tuckey, *Marit. Geogr.*, IV, 272.)

Guadeloupe. — Le volcan ou soufrière situé au milieu de l'île a 4794 pieds de haut, d'après Le Boucher, et 5100 d'après Anico. Après que les *Antilles* eurent été ébranlées pendant l'espace de huit mois, il lança, le 27 septembre 1797, avec un grand bruit souterrain, des ponces, des cendres et d'épaisses vapeurs sulfureuses. (Humb., *Relat. hist.*, 1, 316).

Mont-Serrat. — La soufrière, sur les hauteurs de *Galloway*, a environ 3 à 400 pieds de long, et moitié autant de large. Une vapeur sulfureuse sort d'entre les pierres détachées du fond qu'elle échauffe, et l'eau qui passe en coulant près des crevasses s'échauffe presque jusqu'à l'ébullition, tandis que celle qui passe plus loin reste froide. Le soufre ne sort pas toujours des mêmes ouvertures ; il s'en forme journellement de nouvelles, tandis que d'anciennes se ferment ; c'est pourquoi toute la masse des roches environnantes est remplie de soufre. Il existe encore une autre soufrière semblable, à un mille de celle-ci. (Nugent, *Géol. Trans.*, 1, 105.)

Nevis possède un cratère remarquable, qui émet des vapeurs sulfureuses, et beaucoup de sources chaudes (Dr Chisholm).

Saint-Christophe, ou *Saint-Kitts*. — Montagnes stériles et escarpées. La plus élevée, le *Mount-Misery*, a trois mille quatre cent quatre-vingt-trois pieds au-dessus de la mer ; elle est formée de trachyte, et son sommet renferme un cratère très complet (Dr Chisholm). Cette île était autrefois fréquemment tourmentée par des tremblements de terre ; mais, depuis la grande éruption du mois de juin 1692, qui dura plusieurs semaines, le sol est tranquille ou rarement agité. (*Phil. Trans.* , XVIII, 99.)

Saint-Eustache. — Cette île est formée par deux montagnes qui laissent entre elles un vallon très resserré. Le sommet oriental, qui est conique et arrondi, a 10 milles marins de tour ; il contient un cratère qui, sous le rapport de la hauteur, de la circonférence et de la régularité, surpasse tous ceux des *Antilles;* aussi les Anglais le nomment le *Punchbowl.* (Dupuget, p. 45.) On trouve autour des ponces pesantes et des roches de gneis, mais peu de laves. (Isert, *Voyag. à la Guinée,* p. 320.)

Terre de Feu.

Cet archipel, au S. de la *Patagonie*, est composé d'un amas d'îles montagneuses, froides, stériles, où les géographes placent une grande quantité de volcans actifs. Danville a placé deux volcans dans l'île dite la *Terre de Feu* : l'un presqu'en face du cap *Froward*, milieu du détroit de Magellan ; le second dans le centre de l'île : celui-ci s'appelle le *Nevado.* Les montagnes de cet archipel sont couvertes de neiges perpétuelles, que les flammes des volcans éclairent, sans les fondre.

Ile de la Trinité, ou de Trinidad.

Cette île, située entre l'île de *Tabago* et le continent de l'Amérique espagnole, au 56° de latitude et 228° de longitude, renferme un volcan dont on a vu les éruptions.

Le groupe de *Revillagigedo*, dans l'Océan pacifique, entre le 15° et 20° de latitude, et le 110° et 115° de longit., est entièrement volcanique ; mais on n'a pas de souvenir qu'il y ait eu des éruptions.

L'archipel des îles *Chonos*, dans le golfe de *Guaiteca* (nouveau Chili), composé de quarante-sept îles dont la plupart sont incultes et désertes, paraît entièrement volcanique ;

mais on n'a aucun renseignement précis sur le nombre et l'état actuel de ses montagnes.

OCÉANIQUE.

Les îles de l'Océanique, de formation récente postérieure dans l'histoire du globe, sont volcaniques et madréporiques. (Lesson , *Coup-d'œil sur les îles Océaniennes; Ann. des Sc. nat.* , juin 1825, p. 172). Quoiqu'on soit encore loin de connaître la géologie des nombreux archipels de cette cinquième partie du monde , on sait déjà qu'il y existe un plus grand nombre de volcans que dans aucune des quatre autres. Mais il est très difficile d'en donner une liste bien exacte et complète , attendu le peu d'accord qui règne entre les différents observateurs relativement aux noms de ces myriades d'îles , ce qui expose à les confondre les unes avec les autres.

Sumatra.

Il y a un grand nombre de volcans dans cette île ; mais on est loin de les connaître tous, l'intérieur de cette île n'ayant pas encore été bien exploré. Marsden (*Hist. de Sumatra*) a marqué quatre volcans actifs dans sa carte de *Sumatra*. Voici les noms de ceux qui ont été signalés par lui et les observateurs qui l'ont suivi.

Gunong-Dempo, au N.-E. et à soixante milles anglais de *Bencoolen*. On le voit du rivage lancer presque continuellement de la fumée et souvent des flammes. (Heyne, *Tracts. on India*, p. 397. — Charles Miller, *Philos. Trans.*, LXXV, 163.) Le docteur Jack estime sa hauteur à 11,260 pieds de roi; sa base est entourée par des sources d'eau chaude, et on y remarque d'autres phénomènes volcaniques.

Gunong-Api de *Penkalan-Jambi* , situé à soixante milles du cap *Idrapores* , à la source d'une rivière qui se jette dans un grand lac. — Marsden ne l'a pas connu.

Gunong-Ber-Api, (ou *Montagne par excellence*), situé presque sous l'équateur, dans la vallée de *Tigablas*, à l'origine du grand lac *Sophia*. — Il jette continuellement de la fumée, et fournit une grande quantité de soufre pur. Il s'élève à plus de 12,000 pieds au-dessus de la mer. Sa dernière éruption est celle du 23 juillet 1822; il vomit alors beaucoup de fumée, de pierres et de cendres volcaniques. Cinquante ans auparavant, il avait eu une pareille éruption.

Gunong-Tallong, situé à quelque distance du précédent, dans la même province. — Il fume quelquefois, mais il y a fort long-temps qu'il n'a eu d'éruption. (*Relation de l'Éruption d'un volcan dans l'intérieur de Sumatra ; Journ. des voyages*, n° 29, juin 1826, p. 343. — *Asiatic Journ.*, mai 1826, p. 577).

Gunong-Allas, à l'O. de *Deli*, dans l'intérieur des terres. — Marsden l'a désigné sur la carte ; mais il n'en donne pas de description.

Barren-Islands (*Iles Arides*).

Cette île, qui n'a pas plus de six lieues de circonférence, contient un volcan très actif d'environ 1200 mètres de hauteur. Il est entouré d'une masse de montagnes dont il occupe le centre. Il est constamment couvert d'un nuage de fumée blanchâtre. Il lance souvent des pierres incandescentes, du poids de plusieurs tonnes, à une assez grande distance. La chaleur qu'il dégage est telle, que non-seulement l'atmosphère en est suffocante, mais que la température de la mer est voisine de l'ébullition à une très grande distance du rivage. Le capitaine Webster parvint à une hauteur d'où il avait la vue pleine du volcan, mais il ne put s'élever jusqu'au cratère ; les amas de cendres dont la montagne est couverte cédaient au mouvement de ses pieds, et menaçaient de l'engloutir. —

Lorsqu'on le vit pour la première fois, en 1793, il était en pleine éruption et lançait d'immenses nuages de fumée et des pierres incandescentes. — L'île est à 12° 15′ de latitude ; sa distance aux plus orientales des îles *Adaman* est de quinze lieues. (*Asiat. Research*, vol. IV. — *Phil. Journ.*, juillet 1823, p. 205).

Java.

L'île de *Java* renferme un grand nombre de volcans ; ils forment une chaîne continue qui va de l'extrémité orientale de l'île jusqu'à l'extrémité ouest ; ils sont placés sur la ligne qui forme le milieu de l'île ; peu d'entr'eux sont près du rivage. Leur hauteur les fait aisément distinguer des montagnes du second rang, qui, en grande partie, doivent leur origine aux éruptions des premiers. A l'exception de quelques-uns, ils ne dépassent pas deux mille mètres. Tout le district volcanisé n'occupe pas deux degrés de latitude. Quelques-uns de ces volcans rejettent de l'eau et de la boue ; presque tous lancent des cendres, des laves, et exhalent des vapeurs méphitiques. Les tremblements de terre sont presque toujours les précurseurs des éruptions. Celles-ci ont lieu à des époques irrégulières. La belle végétation du *Salak* et du *Gédé* atteste qu'il y a long-temps que ces volcans n'ont eu d'éruptions.

On doit la connaissance de ces volcans importants, principalement aux soins de l'ancien gouverneur Raffles, qui en a dressé une très bonne carte, aux données du docteur Horsfield, contenues dans la *petite Carte minéralogique de Java*, jointe à la grande carte, et aux recherches plus récentes de M. Reinwardt.

M. Reinwardt, qui a visité avec soin les volcans de *Java*, n'a trouvé de laves que sur les plus anciens : il n'en a point vu jeter dans les éruptions dont il a été témoin. Voici l'énumération de ces volcans.

En commençant par l'ouest :

Junjing.

Jalo.

Gurung-Karan ou *Gunung-Keram*, dans le royaume de *Bantam*, haut de 4340 pieds de roi (Raffles). Le docteur Abel l'a visité et décrit en 1816 (*Journ. to China*, p. 28.) — Le cratère du sommet a près de trois cents pieds de profondeur, et on ne peut y parvenir sans échelles. En haut, le bord est couvert de buissons épais. Le fond est nu, couvert de soufre ; une grande quantité de vapeurs sortent des crevasses.

Pulusari.

Ces quatre volcans forment les monts que les Hollandais ont nommés *Peper-Gebergte.*

Vers l'est :

Salak ou *Montagnes Bleues* des marins — Deux mille cent quatre-vingt-six mètres. Il est entièrement composé de basalte. Éruption en 1761.

Gagak. — Inflammation partielle en 1807.

Gédé ou *Pangerando.* — Deux mille sept cent soixante-six mètres. Est entièrement composé de basalte.

Au pied et à l'est de ce dernier, la chaîne volcanique se partage en deux branches qui renferment entr'elles la plaine de *Bandong.* L'une de ces branches se compose des volcans suivans :

Patacka, Patuha ou *Baduwa.* — Deux mille deux cent cinquante-sept mètres. Son cratère est transformé en un grand lac d'eau soufrée. Il fournit tant de soufre, qu'au milieu de ce lac il s'est formé une île entièrement composée de cette substance.

Tilo ou *Tilu.* — Il est formé entièrement de trachyte.

Sumbing ou *Sumbung.*

Malawar. — Il est entièrement composé de basalte.

Wyahan.

Papandayan. — C'était un des principaux volcans de l'île ;

mais il n'existe plus maintenant. Entre le 11 et le 12 août 1772, après un tremblement de terre, tout fut en flammes; il lança des pierres et s'abîma sous terre. Quarante villages furent détruits, et trois mille individus périrent dans cette catastrophe. Le terrain qui s'engloutit ainsi avait quinze milles de long sur six de large.

Tjikurai ou *Chikura.*

Un rameau partant du *Papandayan* se compose des montagnes volcaniques nommées :

Gunung-Guntur. — En octobre 1818, après une secousse ressentie dans la partie ouest de *Java*, il lança une grande quantité de laves, de pierres et des nuées de cendres qui obscurcirent l'air. Il y a long-temps qu'il est en activité; depuis 1800 jusqu'à 1807, il n'a cessé d'être en éruption.

Kiamis. — Il lance des eaux chaudes et de la boue. Le sol y est aride, couvert de cendres noires, de soufre et de sel : la terre est brûlante et exhale des vapeurs; on entend bouillonner les eaux qui jaillissent par plusieurs gouffres, et qui alimentent deux ruisseaux se dirigeant vers la rivière de *Tjikavo.* Est-ce une montagne volcanique? D'autres montagnes lancent aussi des liquides noirs et boueux; entre autres le *Galunggung* ou *Galoengœng*, dont la violente éruption du mois d'octobre 1822 est un des plus grands malheurs qui, de mémoire d'homme, soit arrivé à *Java.* Par suite de cet événement quatre mille onze personnes ont péri, cent quatorze *campougs* ont été renversés, deux mille neuf cent quatre - vingt-trois plantations entièrement détruites, et cinq mille trois cent quatre-vingt-onze considérablement endommagées; le nombre des cafiers détruits s'élève à sept cent soixante-quinze mille sept cent quatre-vingt-quinze, et le nombre de ceux qui souffrirent plus ou moins, à trois millions huit cent soixante-onze mille sept cent quarante-deux. Ces dégats furent occasionnés par des masses de boue et de soufre brûlant qui dégorgèrent du volcan, au milieu du tonnerre et d'éclairs épouvantables. (*Philos. Magaz.*, août 1823, p. 16.)

Talaga-Bodas ou *Lac Blanc*. — Il offre un lac très grand d'eau sulfureuse blanche dans son cratère. Sa hauteur est de six mille pieds. Il est entièrement composé de basalte. Les bords du cratère exhalent des vapeurs qui corrodent tout.

Gunung-Kraga.

La deuxième branche, qui se dirige droit à l'est, se compose de :

Buangrang.

Tankuban-Prau. — En 1804, il exhala des vapeurs sulfureuses. Son cratère a un mille et demi anglais de circonférence.

Bukit-Tungil.

Bukit-Jarriang.

Manglyand.

Le tronc continue à se diriger aussi vers l'est, et forme :

Tampouras.

Tjermai. — Sa dernière éruption est de 1805.

Arjuna. — Il lance continuellement de la fumée. Il a 9986 pieds de haut, suivant Raffles.

Lawa ou *Lawu*. — Des vapeurs chaudes et sulfureuses sortent de son cratère.

Merbabu.

Ungarang ou *Unarang*.

Tagal ou *Tegal*.

Mer-Apie. — Éruption en 1745. Du 29 au 31 décembre 1822, nouvelle éruption de cendres, de pierres et de flammes. Les cendres furent portées jusqu'à vingt milles du cratère. On avait ressenti auparavant des tremblements de terre. Un rocher formant la partie nue et la plus élevée du *Mer-Apie* s'écroula dans le cratère, accident auquel on attribua le bruit souterrain (*Asiat. Journ.*, décembre 1823, p. 614; *Journ. de Phys.*, vol. 96, p. 80.)

28

Japera.

Willis.

Klat ou *Clut.* — Sa dernière éruption est de 1785 ; il paraît en avoir eu déjà une en 1019 (Hoff, II, 440.)

Les monticules *Indorowati.*

Semiro ou *Smeero.* — C'est peut-être le plus élevé de *Java.* Il est réuni par le nord aux monts *Tenggar* ou *Tingert.*

Les monticules *Tenggar* ou *Tingert*, dans lesquels se trouve le vaste gouffre de *Dasar*, qui, en 1804, eut une éruption. Horsfield l'a visité en 1806. (*Trans. of the Batav. Soc.*, Batavia, 1814.)

Lamongan. — Éruption en 1806. En 1818, après un fort tremblement de terre qui ébranla la partie orientale de l'île, il vomit beaucoup de laves.

Jang.

Ces deux derniers tiennent à une ramification volcanique qui va au nord.

Vers le nord, se trouvent :

Ringgit. — Valentin a dit, et d'autres ont répété après lui, qu'en 1586 cette montagne, à la suite d'éruptions, s'était affaissée. Horsfield prétend, au contraire, et avec raison, qu'elle est encore parfaitement visible.

Rowng.

Teschim (d'après Raffles), *Mont-Indien*, (d'après Leschenault), et *Idjengsche-Gebergter* (d'après Horsfield. — Il termine la chaîne. Il a six mille pieds d'élévation. En 1817, il en jaillit tant d'eau bouillante, mêlée de soufre et d'acide sulfurique, qu'il naquit deux rivières, et que toute la campagne entre le mont et la mer fut submergée. La montagne jette encore continuellement de l'eau soufrée et blanche comme du lait. Le cratère forme un lac d'eau sulfureuse blanche en ébullition, et il s'échappe constamment du soufre enflammé de la partie supérieure de ses flancs. Cette montagne a été décrite par Leschenault, naturaliste de l'expédition du capitaine Baudin (*Ann. du Mu-*

séum d'Hist. naturelle, vol. 18, p. 425.), mais la forme en a changé depuis sa visite.

Au nord-est, et auprès de l'Océan, se trouve : *Talaja-Wurung.*

Parmi les volcans éteints de *Java*, on distingue le *Talaga-Bodas*, cité plus haut. M. Reinwardt a trouvé sur cette montagne des restes d'animaux, tels que tigres, oiseaux, etc., dont les os étaient entièrement consumés, tandis que les muscles, les poils, les ongles et la peau étaient restés intacts. Le *Patuha* est aussi éteint ; la dolérite y est en partie dissoute par les vapeurs et par l'acide sulfurique.

D'après cela, la liste des volcans de *Java* comprend des volcans actifs et des volcans éteints. L'auteur ne les sépare pas. Il dit que la chaîne en contient plus de trente-huit ; ils continuent dans les îles voisines ; savoir : à *Bali*, *Lombok*, *Sumbawa* et *Flores.*

(*Disputatio geologica de incendiis montium igni ardentium insulæ Javæ, eorumque lapidibus*; auctore A. H. Vander Boon Mesch ; in-8°, 1826, Leyde ; ouvrage en partie fait sur les manuscrits de M. Reinwardt. — Voyez aussi *Bulletin des Sciences nat. et de Géologie*; janvier 1828, p. 42, où il est rendu compte de cet ouvrage. — *Sur les volcans de l'Archipel de l'Inde*, par C. G. C. Reinwardt, professeur à l'Université de Leyde ; mémoire lu à la section des beaux-arts et des sciences de cette société, le 25 avril 1825. (*Magaz. voor Wetensch. Konst en lett.*, part. v, cah. 1, p. 71 ; et *Bulletin des Sciences naturelles et de Géologie*, avril 1829, p. 43, t. 17.) — *Sur les éruptions volcaniques de l'île de Java et les îles voisines.* (*Journal of the royal Institution*, n° 11, p. 245 ; dont on trouve un extrait dans les *Annales de Chimie et de Physique*, t. 2, p. 339.)

Cracatoa, dans le détroit de la Sonde.

Cette île renferme un volcan qui lie la ligne des volcans de *Java* avec celle de *Sumatra*. Le mineur en chef Vogel dit (*Ostind. Reisebeschr. Altenb.*) que, le 1ᵉʳ février 1681, il avait aperçu avec étonnement cette île, autrefois couverte d'arbres et de verdure, toute déserte et brûlée ; des masses de feu sortaient de plusieurs endroits. Son capitaine lui dit alors que cette île avait été détruite, en mai 1680, avec un bruit effroyable, à la suite d'un tremblement de terre qui avait été fortement ressenti par les vaisseaux sur la mer ; aussitôt après, on avait été suffoqué par une vapeur sulfureuse qui s'étendait très loin ; la pierre-ponce lancée de l'île recouvrait la mer ; des matelots en recueillirent : il y en avait de la grosseur du poing. — Des sources chaudes sortent encore en grande quantité de la partie occidentale de l'île. (*King in Cook's, 3ᵉʳ Reise*, II, 528.)

Bornéo.

Tous les géographes répètent que cette île possède des volcans, mais sans faire connaître leur nombre, leur position et leur état actuel. (Malte-Brun, *Précis de la Géographie universelle*, t. 4, p. 280.)

Iles Philippines

. L'aspect des *Philippines* est à la fois effrayant et magnifique, dit Tuckey (*Marit. Geogr.*, III, 407). Les montagnes qui traversent les îles dans toutes les directions cachent leur tête dans les nuages, tandis que leurs flancs, recouverts de scories et de laves, offrent l'image de la destruction. Partout on rencontre des sources d'eau chaude, et dans beaucoup d'endroits on trouve des solfatares avec du soufre en combustion. Ici, comme à *Java*, la ligne des volcans occupe toute la largeur des îles. (Léopold de Buch, *Mém. sur la Nat. des phénom. volcaniques des îles Canaries.*)

Voici la liste des volcans actifs connus avec certitude.

Mayon (sur la pointe S. E. de l'île de *Luçon.*) — Pic élevé qui présentait il y a quelques années la figure d'un pain de sucre ; il jette habituellement de la fumée, quelquefois des flammes et des sables volcaniques. Le 20 juillet 1766, le flanc de la montagne s'ouvrit et donna issue à un énorme fleuve de lave qui coula pendant deux mois comme de l'eau. (Le Gentil, *Voy. dans les Mers de l'Inde*, ii, 13.) Une éruption de février 1800 a causé beaucoup de ravages. (Hoff, ii, 45.)

Taal (au sud de *Manille.*) — Le cône est beaucoup plus bas que le bassin dans lequel il est situé, et ne s'élève qu'à quelques centaines de pieds. Un lac remplit le fond du bassin. Le cratère est très grand. Il contient, dans son intérieur, un marais sulfureux bouillant et de petites collines qui s'élèvent çà et là. La plus grande éruption connue du *Taal* eut lieu le 12 décembre 1754 : il n'en avait pas eu depuis 1716. Dès le mois d'août, la montagne fumait ; le 7, elle lançait même des flammes, et, le 3 novembre, elle lança des cendres avec un bruit semblable au tonnerre ; il se forma de nouvelles ouvertures, et des flammes s'élevèrent des eaux du marais, quoiqu'elles fussent profondes. Plusieurs habitations du rivage furent détruites. Depuis, il y a eu d'autres éruptions moins considérables. (Chamisso, *Kotzeb. Endeckungsreise*, iii, 69. — *Voyage pittoresque de Choris*, 1820, vii, tab. 3.)

Aringuay, dans la province Ygorrotes, au sud d'*Ilocas*, et dans l'intérieur de l'île. Lat. nord 16° 30', à peu près. — Éruption le 4 janvier 1641, d'après *Fra Juan de Concepcion* (Chamisso.)

Camiguin, petite île au nord de *Luçon*. — Son extrémité méridionale contient un volcan brûlant qui sert de fanal. (Le Gentil, ii, pl. 4.)

Sanguil, sur *Mindanao*, dans le sud de l'île, et à l'ouest des lacs de *Liguassin* et *Buloan*. — On le connaît ordinairement sous le nom de volcan de *Mindanao* ; mais sa position n'est pas bien déterminée. On entendit , en 1640 , sur toutes les îles de cette mer , le bruit provenant d'une violente éruption de ce volcan. En 1764, il a eu une forte éruption , qui couvrit les pays environnants , à plusieurs pieds d'épaisseur , de matières fragmentaires , et força la plupart des habitants à émigrer.

Ambil, au nord de *Mindoro* , à l'entrée de la baie de *Manille*. — Les flammes de cette montagne servent de fanal aux vaisseaux qui se rendent à *Manille*. (*Plants-polynes* , 1 , 635.)

Fuego ou *Siquihor*, entre *Mindanao* et l'île des *Nègres*.

Moluques.

Les îles Moluques , plus morcelées , plus déchirées que les îles de la Sonde , renferment un plus grand nombre de volcans que ces dernières ; mais beaucoup d'entr'eux n'ont pas encore été bien décrits.

L'île de *Célèbes* renferme plusieurs volcans actifs , suivant les géographes , mais ils n'en indiquent pas la position. Au N.-E. , dans les districts de *Mongondo* et de *Manado* , des terrains remplis d'une immense quantité de soufre sont bouleversés par de fréquents tremblements de terre (Valentyn , *Moluques*, vol. 1 , p. 64). *Kemas* ou les *Frères* , montagne dans le district de *Manado* , dans le nord de *Célèbes*, fut lancée en l'air , en 1680 , au milieu d'une horrible éruption et d'un tremblement de terre qui ébranla principalement *Ternate* , et répandit l'obscurité dans tous les environs (*Phil. Trans.* , xix , n° 7). L'île fut détruite dans toute sa largeur entre *Boelan* et *Gorontale*. (Valentyn , 1 , 2 , 64.)

Sanghir, ou *Sanguir*, entre *Mindanao* et *Célèbes*, a un des plus grands volcans du globe.

Siauw et le groupe des îles *Talautse*, renferment deux ou

trois redoutables volcans. (Valentyn, *Mol.*, p. 37—61).
Siauw possède un pic élevé qui a donné souvent des signes
de sa nature volcanique. Le 16 janvier 1712, la montagne
désignée dans les *Trans. philos.*, sous le nom de *Chiaus*,
s'ouvrit. — Valentyn dit que les éruptions de ce volcan
étaient continuelles, mais qu'elles avaient été plus violentes
en janvier et février. (1 , 2 , 58.)

Aboe, sur l'extrémité N. de l'île *Sanghir*. — Une
éruption, qui eut lieu du 10 au 16 décembre 1311,
oouvrit de cendres une grande étendue de terrain, et
tua beaucoup de personnes.

Ternate. — Il y a un volcan qui offre un exemple
d'un phénomène semblable à celui de *Banda*, à l'exception
que les pierres sont d'un noir de charbon de terre, et
qu'elles présentent une masse beaucoup plus étendue. Ces
débris, amoncelés à une grande hauteur, forment une
large digue ou croupe, qui, sortant du sein de la mer,
s'étend au travers du rivage, de là franchit une vaste
étendue de terrain allant en pente douce, et enfin va
s'appuyer à la montagne même. Il est évident que, semblable à une mine qui joue, le sol se soulevant et s'ouvrant
dans cette direction du fond de la mer, aura rejeté de
son sein cette immense quantité de matières. (Reinwardt,
loc. citat.) Autrefois les éruptions de ce volcan étaient
beaucoup plus fréquentes ; il y en a eu en 1608, 1635,
1653, et le 12 août 1673. Il est à remarquer qu'il a lancé
de la ponce ; ses émanations ont fait périr beaucoup de
personnes. Valentyn dit qu'il a été mesuré, et qu'il a
trois cent-soixante-sept verges deux pieds, ce qui fait trois
mille huit cent quarante pieds de roi, en supposant que
cette mesure soit celle d'Amsterdam. (1, 2, 5.)

Tidore (île de Tidore). — Ce volcan est situé dans
le midi de l'île ; il a la forme du pic de *Ternate*. Forrest
en donne une vue.

Motir. — Cette île contient un volcan qui a eu une

forte éruption et a lancé des pierres en 1778 (Forrest).

Machian , ou *Makian*. — Le cratère du volcan est considérable et s'aperçoit de loin. En 1646 , ce volcan, dans la violence de son éruption , se déchira complètement du sommet à la base ; il en sortit d'horribles tourbillons de fumée et de flammes. Ce sont aujourd'hui deux montagnes rapprochées et distinctes.

Près de *Gammacanore*, dans la partie O. de *Gilolo*, et vis-à-vis de *Ternate*, une montagne est sautée en l'air le 20 mai 1673 , à la suite d'un grand bruit et d'un violent tremblement de terre. La mer s'éleva beaucoup au-dessus du rivage , et la montagne lança une grande quantité de ponce. (Valentyn , 1, 2 , 90 , 94 , 331.)

Tolo , situé sur l'île *Morety*, *Mortay* ou *Morotay*, vis-à-vis la pointe septentrionale de *Gilolo*. Il a brûlé avec beaucoup d'activité pendant le siècle dernier. (Valentyn , 1 , 2 , 95.)

Wawani à *Amboine* , situé dans la partie occidentale de la plus grande des îles *Hitoe*, à deux milles du rivage septentrional (Valentyn , 11 , *Deel.*, p. 104); montagne très élevée et très rapide. Le bruit, semblable à un fort bouillonnement, que l'on entendait dans son intérieur , a fait craindre pendant long-temps une éruption ; en effet , en 1674 , après qu'un violent tremblement de terre eut ébranlé tout *Amboine*, elle s'ouvrit dans deux endroits différents ; la lave coula jusqu'à la mer, et des portions considérables de terrain s'enfoncèrent. Peu de temps auparavant, le roi d'un village de l'intérieur, chassé par cette éruption , ne s'était sauvé qu'avec peine jusqu'aux villages *Wawani* et *Essen* , situés plus bas. On apercevait distinctement ce village supérieur près de l'ouverture qui venait de se former ; il fut englouti avec tous ses habitants. Ce volcan paraît encore avoir brûlé en 1694 (*Phil. Trans.*, xix , 49); mais, depuis ce temps, on n'a plus entendu parler de ses mouvements. Malgré cela ,

La Billardière dit que cette île est souvent tourmentée par des tremblements de terre, et qu'elle en a beaucoup souffert, particulièrement en 1783 (*Voy.*, 1, 324). Depuis, en 1797, Tuckey se plaignit de la chaleur insupportable et des vapeurs étouffantes auxquelles il avait été exposé pendant dix mois, dans la rade d'*Amboine*, et qui provenaient d'un volcan enflammé (*Narr. of the Congo Exped.*, XLIX). En 1816, un cratère s'ouvrit, et en 1820, il reprit une grande activité. Enfin, le 18 avril 1824, parut un nouveau cratère ; il brûlait encore le 14 mai. Il était vraisemblablement situé aussi dans le voisinage de *Wawani* (*Geogr. Ephem.*, 1824, p. 481).

Goonung-Api, ou *Gounapi* (dans le petit groupe volcanique qui porte le nom de *Banda*, d'après l'île principale). — Volcan très actif, puisqu'on ne l'a jamais vu en repos. On a connaissance de ses éruptions de 1586, 1598 et 1609. En 1615, il y en eut une si violente que ce n'est qu'avec une peine extrême que les canots de la flotte du gouverneur d'*Amboine* parvinrent, à travers une pluie de ponce, jusqu'à *Neira*, île voisine. En 1629, 1632, 1683, il y eut encore de violentes éruptions. Le 22 novembre 1694, de grandes flammes sortirent de son sommet, accompagnées d'un bruit semblable à celui d'une violente tempête. Le fond de la mer s'éleva presque jusqu'à la hauteur du sol ; des flammes sortaient du milieu des eaux, qui étaient si chaudes qu'on ne pouvait naviguer dessus. Il régnait dans le détroit de *Neira* une odeur sulfureuse si insupportable, qu'elle fut la cause d'un grand nombre de maladies (*Phil. Trans.*, XIX, 49). D'autres éruptions eurent lieu en 1765, 1775 et 1778. Il y en eut une très considérable le 11 juin 1820, pendant laquelle la montagne s'ouvrit au N. O. ; des pierres incandescentes, aussi grandes que les maisons des naturels du pays, furent rejetées par le cratère ; plusieurs d'entre elles parvinrent à des hauteurs doubles de celle de la montagne. (Baumhauer, *Ann. de Physique*, xv, 430.)

Dans la partie occidentale de l'île, formée par le *Gounapi*, se trouvait autrefois une vaste profondeur d'environ 60 brasses. Au lieu de cette baie, et jusqu'au penchant de cette montagne, qui s'en trouve à une grande distance, il se forma, en 1820, un vaste promontoire au moyen duquel toute cette baie se trouve comblée et exhaussée, et qui se compose de blocs de basalte d'une grosseur prodigieuse, fortement calcinés et grossièrement amoncelés. Ces monceaux forment divers groupes, qui, du sein de la mer, vont se rattacher aux flancs de la montagne. Cette nouvelle formation s'effectua d'une manière si tranquille et avec si peu d'agitation intérieure, que les habitans de *Banda* n'en eurent connaissance que lorsqu'elle se trouvait en majeure partie consommée; elle ne s'était manifestée que par un fort bouillonnement et une chaleur extraordinaire de l'eau de la mer. En 1821, la chaleur n'avait pas encore cessé, et, de tous côtés, des vapeurs s'élevaient d'entre les blocs. Tous ces débris portent des marques évidentes qui annoncent qu'ils ont subi un haut degré de combustion, et il en est qui, par la calcination, se trouvent réduits à l'état de pierre-ponce, ou qui, exposés au grand air, tombent en poussière. — Cette masse de pierres a surgi, sans être accompagnée de cendres, ce qui annonce un mode d'éruption différent dans ses principes de celui suivant lequel opèrent les grands volcans. (Reinwardt, *loc. citat.*)

Sorea ou *Sorca* (île voisine de *Banda*). — Un rapport adressé d'*Amboine* à Wittsen, bourguemestre d'Amsterdam, dit que, le 4 juin 1693, la montagne de cette île avait vomi des flammes, et qu'un fleuve de lave en était sorti. Ce volcan s'abîma ensuite, et fut remplacé par un lac de feu, qui, augmentant de plus en plus, força les habitants de *Hislo* à traverser la mer. Cette île, qui avait été précédemment agitée, devint tout-à-coup tranquille. Le

lac de feu continuant toujours à s'étendre par des affaissements imprévus, du côté de *Woroe*, les habitants de
ce village furent aussi obligés de prendre la fuite ; ils
quittèrent tous l'île et parvinrent à *Amboine* le 18 juillet
1693. (*Phil. Trans.*, xix, 49.)

Nila (île voisine de la précédente), contient une solfatare, et par conséquent doit avoir aussi un volcan ; elle
est très élevée.

Domma ou *Damme*, à l'O. de *Timor-Laout*, contient
un grand volcan (Valentyn, iii, 2, 45).

Gonung-Api, volcan. Latit. 6° 36' S. — Dampier dit
que cette île est haute, mais petite, s'élevant doucement
à partir du rivage ; que le sommet de cette île était partagé
en deux pics, d'entre lesquels sortait une telle quantité
de fumée qu'aucun volcan ne lui en avait présenté autant
(iii, 180). Il lui attribue un mille de tour. Dampier vit
ce volcan en 1699.

Timor renfermait, avant 1638, le volcan du *Pic*, qu'on
découvrait en mer de plus de 300 milles, à l'aide de ses
feux. A cette époque, cette montagne disparut entièrement, par suite d'une grande éruption ; elle est remplacée
maintenant par un lac.

Pontare. — Cette île offre trois pics, dont un est un
volcan (Tuckey, iii, 382).

Lombatta. — Pic conique, pointu et très élevé, sur
le détroit de *Pontare*. Dampier le vit fumer ; et Bligh observa
la même chose cent ans après.

Mangeray ou *Flores*, contient deux volcans élevés qui
sont parfaitement semblables. Bligh a regardé comme volcan
celui qui est situé sur le tiers occidental de l'île ; il paraît
avoir eu des éruptions si formidables que le sol de cette
île semble absolument brûlé. (*Voy. dans la Mer du Sud*,
chap. xix.) Tuckey, qui a aussi visité cette île, dit que
la montagne orientale, *Lobetobie*, est aussi un volcan
(*Marit. Geogr.*, iii, 382).

La grande île de *Sandelbosch* renferme, selon Tuckey, un volcan dans sa partie occidentale ; on peut l'apercevoir de 20 milles.

Sumbawa ou *Bima*. — Cette grande île contient un volcan célèbre, le *Tomboro*. Sa circonférence est étendue, mais sa hauteur n'a pas plus de 500 ou 700 pieds : la mer entoure les trois quarts de sa base. Il a fait une violente éruption en 1815. Dès l'année 1814, on avait été attentif sur les mouvements de cette montagne ; on avait aperçu, du vaisseau le *Ternate*, beaucoup de fumée et de vapeurs en sortir dans le mois de décembre ; enfin, après onze jours de secousses qui furent ressenties dans les îles de *Java*, de *Bornéo* et de *Célèbes*, le 5 avril 1815, tout le volcan parut enflammé, et ses éruptions furent continuelles. Le 10 avril, la fumée qui en sortait était si noire et les cendres si épaisses, que, jusqu'au 12, les environs, même à une grande distance, étaient enveloppés dans les ténèbres ; elles s'étendirent, tant sur *Surabaya*, sur *Java*, et même encore sur *Samanap* et *Madura*, où les nuages de cendres étaient portés par les vents d'est, que sur *Macassar*, où ces nuages arrivaient par les vents du sud. Les cendres parvinrent jusqu'à *Batavia*, à l'île *Minto*, près *Banca*, et même jusqu'à *Bencoolen*, à *Sumatra*, qui est aussi éloigné du point de départ, que l'*Etna* l'est de *Hambourg*. Une tempête joignit ses ravages à ceux du volcan ; 12,000 personnes périrent par suite de cette explosion volcanique ; une partie de l'île fut couverte de ponces, qui encombrèrent aussi plusieurs ports. Trois coulées de lave sortaient de la montagne. On ne ressentait aucun vent dans le voisinage ; mais la mer était tellement agitée, qu'elle arracha des maisons situées sur le rivage. — L'effet de l'éruption se fit sentir dans tout l'Archipel indien, à une distance de plus de 15° à la ronde du foyer de l'action. Les détonations s'entendirent fortement à *Sumatra*, dans des points distants du volcan de 3oo lieues en ligne droite; on les entendit très distinctement au centre de *Java* et à *Ternate*.

En 1821 , il y eut un tel tremblement de terre et un tel soulèvement de la mer , que *Bima* en fut submergé et que des vaisseaux mouillés dans le port furent lancés par les vagues jusqu'à une grande distance dans l'intérieur des terres , et même , sur certains points , par dessus les habitations. Dans le même temps , une montagne volcanique , située au sein de la mer , au N.-E. de l'entrée du détroit de *Bima* , vomit des pierres embrasées , des cendres et d'épaisses vapeurs. Le même tremblement se fit ressentir dans les îles voisines , dans toute l'étendue de l'île de *Célèbes* , et occasionna , notamment à *Macassar* , qui est séparé de *Bima* par une mer de plus de 4° de largeur , les mêmes débordements violents , les écroulements et les dévastations dont ce dernier lieu avait été le théâtre. (Reinwardt , *loc. citat.*)

Gonung-Api. — Deux pics escarpés , à peine éloignés de deux milles de l'extrémité nord de *Sumbawa* (Tuckey.) Bligh les a aussi marqués sur sa carte.

Lombock ou *Salanparang* , contient un seul pic haut de 1500 pieds , selon Tuckey.

Kara-Asam , sur l'île *Bali*. — Connu par une éruption arrivée en 1808. (Hoff, II , 439.)

On connaît deux petits volcans isolés dans l'immense archipel des îles *de la Sonde* et *des Moluques* ; ce sont :

1° Un volcan toujours actif, situé sur une petite île près de celle de *Slakenbourg* , sur la côte occidentale de *Bornéo* , au nord de *Sambal*. Latit. 3 1/2 N.

2° Un volcan observé à *Hormuzeer*, par le capitaine Bompton , sur l'île *Cap* , dans le détroit de *Torres*. Latit. 9° 48' 6" ; long. Grew. 142° 41' occ. (Flinders , *Introd.* , p. 41.)

Nouvelle-Hollande.

L'existence d'un volcan actif près de *Hunter's River*, (rivière de *Hunter* ou du *Chasseur*), dans la *Nouvelle-Galles du Sud*, vient d'être tout récemment reconnue par M. Mackie, de *Cockle-Bay*. Ce naturaliste rapporte que le volcan est distant d'environ vingt-cinq milles, et presque N. E. de l'habitation de M. Intyre, à *Segenho*, qui touche à *Page's River*. Ce volcan est tout-à-fait sombre jusqu'à ce que le spectateur s'en approche à un mille, et alors, si c'est de jour, et que le soleil brille, une masse compacte de flammes frappe soudain les yeux : elle est d'ordinaire mêlée de fumée, et quand l'air est pesant elle offre une couleur d'un rouge pâle. La nuit, on voit distinctement s'élever une colonne sulfureuse bleuâtre qui se dissipe dans l'atmosphère. Le cratère du volcan est situé entre les pics de deux montagnes que les noirs natifs appellent *Wingen*. Il n'y a nulle apparence de lave à la base ou le long des flancs des montagnes entre lesquelles le volcan est assis. Le cratère à douze pieds de large et trente de long. Aux environs, la terre est très chaude, et sa température augmente à mesure qu'on la creuse. Au-dessous de la couche supérieure, M. Mackie découvrit une couche de houille fortement bitumineuse. Tout autour du volcan, le sol est de la plus grande aridité. Pendant que M. Mackie et ses ouvriers restèrent sur la montagne, le cratère lança des flammes ; la terre n'offrait aucune solidité dans les environs ; elle se crevassait à chaque instant ; des masses s'en détachaient de temps en temps, et roulaient dans le cratère, dont la flamme semblait s'accroître par cet aliment. Tout fait penser que ce volcan a une existence récente ; il ne paraît pas qu'il y ait eu jamais d'éruption : le cratère n'est pas très considérable ; il semblerait qu'il s'accroît de moment en moment plus, en tous sens. Il paraît évident qu'il existe là une source de bitume qui nourrit le feu souterrain. (*Australian*, 3o juillet.— *Asiatic Journal*, n° 161, mai 1829, p. 594 (1).

A l'exception de cette montagne volcanique brûlante, il paraît qu'il n'en existe pas d'autre de ce genre dans la *Nouvelle-Hollande*; au moins jusqu'ici les voyageurs n'ont rien fait connaître de pareil. Seulement le capitaine Flinders a cru trouver quelques indices de la proximité d'un volcan, près la *rivière des Pierre-Poncés*, dans la *Nouvelle-Galles du Sud.* (Flinders, cité par Collins, II, 242.—235.) Le *Mont-Gardner*, voisin du port *Georges*, dans la terre de *Nuyts* (côte méridionale de la Nouvelle-Hollande), pré-

---

(1) M. Wilton de Paramatta a visité plus récemment le volcan exploré par M. Mackie. Il pense que cette montagne est en combustion depuis un temps immémorial ; les noirs qui forment la population actuelle sont postérieurs à son irruption ; il croit, en outre que l'intensité du feu ira toujours en augmentant. La superficie de la montagne sur laquelle le feu est aujourd'hui en pleine activité, peut avoir une étendue d'un acre et demi, 41 ares environ. Il n'y a nulle part de cratère, de laves, de trachyte d'aucune espèce, nulle trace de charbon. Suivant M. Wilton, les phénomènes qu'offre cette montagne n'ont aucune similitude avec ceux des volcans ordinaires. « On peut donc assurer que la montagne brûlante d'*Australie* est unique en son genre ; que c'est un nouvel exemple des jeux de la nature, qui, dans cette contrée, s'affranchit des lois que lui ont assignées depuis les savants de l'ancien monde. » Il y a cependant de fréquents tremblements de terre dans cette contrée, comme dans les contrées volcaniques. On en cite dans les années 1788, 1800, 1804, 1806, 1825, 1827. Un bruit épouvantable, ressemblant à l'explosion subite d'une mine, fut signalé dans le voisignage, et partant de la direction de la montagne brûlante, avant sa découverte en 1828. Ces derniers phénomènes sembleraient indiquer, contre l'opinion de M. Wilton, que la cause qui produit l'embrasement de cette montagne est identique avec celle qui entretient le feu dans nos volcans. (*Asiatic Journal*, janvier 1830; et *Bulletin de la Société de Géographie*, t. 13, mars 1830, p. 127.)

sente l'aspect d'un cône volcanique. (*Atlas du Voyage aux Terres Australes*, pl. VI, fig. 1.)

Archipel du Saint-Esprit.

Cook et Forster ont reconnu deux volcans dans le groupe que Bougainville nomma les *Nouvelles-Cyclades*, et Cook les *Nouvelles-Hébrides*. Voici ce qu'on sait sur ces derniers :

1° *Tanna* (dans l'île de ce nom.) — Il est situé sur la partie S.-E. , à la fin d'une série de petites collines , derrière lesquelles s'étend une chaîne de montagnes deux fois au moins aussi hautes. Le sommet, qui a la forme d'un cône tronqué , est entièrement dépourvu de végétation. Il a 430 pieds d'élévation , et se trouve à deux lieues environ du rivage. En août 1774, Cook fut témoin d'une éruption ; le volcan lançait des flammes , des cendres et des pierres d'une grosseur au moins égale au corps de la grande chaloupe du bâtiment. Forster et Sparmann essayèrent en vain de pénétrer jusqu'à cette montagne ignivôme. (Forster , *Voyag.* , II , p. 212.) En avril 1793, d'Entrecasteaux , envoyé à la recherche de La Peyrouse , aperçut une immense colonne de fumée sortir de ce volcan. (La Billardière , II , 180.)

2° *Ambrym* , à l'est de la grande île du *Saint-Esprit*. — Son volcan lançait impétueusement des colonnes d'une fumée blanchâtre , lorsque Forster le vit , et les habitants lui assurèrent qu'il en sortait aussi du feu. Le rivage de *Mallicollo* , vis-à-vis le volcan , était couvert de ponce. (Cook, 2ᵉ *Voyage*, III , p. 241. — Forster , *Voyage*, II, p. 180.)

Archipel de Santa-Cruz.

Ile *Volcano*, près *Santa-Cruz*, découverte par Mendana. — Son cône, dépourvu de végétation , lançait du feu et des pierres tout autour. (Burney , II , p. 149). Carteret, en

1767, a vu de la vapeur s'élever de l'intérieur de l'île, et Wilson, en 1797, des flammes sortir de la montagne conique, dont il estimait l'élévation à 200 pieds. L'émission de ces flammes était périodique ; elles duraient environ une minute, et se renouvelaient au bout de dix. (Burney, *Discov. in the South Sea*, II, 176.) Pendant le séjour de d'Entrecasteaux, en 1793, tout était tranquille. (La Billardière, II, 258.)

Archipel de Salomon.

Parmi les îles de cet archipel, *Sesarga* près *Guadalcanar*, renferme un volcan d'où Mendana a vu sortir continuellement des vapeurs et de la fumée. (Burney, I, 280.) Ce volcan n'a point été retrouvé ; d'Entrecasteaux pense qu'il faut le chercher au nord du détroit *Indispensable* et de *Guadalcanar* ; mais Burney croit avec quelque raison que c'est la montagne nommée par Shortland *Mont Lammas*, sur la pointe S. O. de *Guadalcanar*, non loin du cap *Henslow*.

Nouvelle-Bretagne, ou Nouvelle-Angleterre.

On compte plusieurs volcans dans cet archipel :

1° Volcan à l'entrée du canal de *Saint-Georges* et sur la rive E. Dampier l'a vu et dessiné (*Voy.*, 1729, III, 208) ; il fumait beaucoup, était élevé, et son sommet se terminait en pointe aiguë. Latit. 5° 12′ E. ; longit. Grew. 152° E. C'est vraisemblablement le même que celui qui a été aperçu par Carteret, et dont il a fixé plus exactement la position vis-à-vis l'île de *Man*, un peu à l'est du cap *Palliser*. (*Hawkesffiorth*, I, 586.) Le capitaine Hunter l'a vu aussi.

2° Volcan de la partie orientale, non loin du cap *Gloster*. Dampier l'a vu en avril 1700. (*Voy.*, III, 218.) Des flammes sortaient de son sommet avec un bruit semblable à celui du tonnerre, avec des intermittences d'une demi-minute. Lors d'une des plus grandes éruptions, une flamme large et haute de vingt à trente *yards* sortit accompagnée d'un fort mugissement, et on vit alors fréquemment des torrents de feu couler le long du flanc de la montagne jusqu'à son pied; peut-être même atteignaient-ils le bord de la mer. Pendant le jour, une épaisse fumée s'élevait au-dessus de ces coulées. Latit. 5° 25′ S.; longit. Grew. 148° 10′ E. (Rossel.) Tasman a vu aussi ce volcan. (Valentyn, III, 356.)

3° D'Entrecasteaux aperçut, le 29 juin 1793, l'éruption d'un volcan situé dans une petite île de cet archipel, par 5° 32′ 20″ S. de latitude et 148° 6′ E. de longitude. D'épaisses colonnes de fumée sortaient périodiquement de son sommet, et l'après-midi on aperçut une coulée de lave sortir de son flanc et se rendre jusqu'à la mer, dont les eaux se soulevèrent aussitôt et formèrent des masses de vapeurs blanches et brillantes. Pendant l'éruption, la fumée s'élevait beaucoup au-dessus des nuages. (La Billardière, *Voy.*, 1, 285.)

Nouvelle-Guinée.

Le nombre des volcans de cet archipel n'est pas bien connu.

1° Volcan sur la côte septentrionale. Latit. 4° 52′ S.; longit. Grew. 145° 16 1/2 E. Décrit par Dampier. Il est situé à deux milles du rivage. Son sommet est extrêmement pointu. (*Voy.*, III, 223.)

2° Volcan situé à 12 milles de la terre ferme, au milieu de cinq îles plus petites. Latit. 3° 55′ S.; longit. Grew 144° 16′ E. Vu d'abord, ainsi que le précédent, par Schouten et Le Maire, et ensuite par Dampier.

3° Ces navigateurs ont encore aperçu deux autres îles lançant de la fumée; mais ils n'ont pas déterminé leur position, et jusqu'à présent on ne les a point retrouvées.

4° Dampier dit (III, 225), que, le 17 avril 1700, trois jours après avoir quitté l'île de *Schouten* et de la *Providence*, il a vu sur la terre ferme une très haute montagne, du sommet de laquelle s'élevaient de grandes masses de fumée. L'après-midi, il aperçut l'île du *Roi Guillaume*. Ce volcan ne peut donc être que sur la pointe extrême occidentale de la *Nouvelle-Guinée*. Latit. 1° 50′ S.; longit. Grew. 129° 20′ E. Il n'a été observé ni par Forrest, ni par d'Entrecasteaux. (Leopold de Buch, *Mém. sur la Nat. des Phénom. volcaniques.*)

Archipel des Mariannes.

Il paraît que, sur les quinze ou seize îles ou îlots dont se compose cet archipel, il y en a un bon nombre qui sont de nature volcanique; Chamisso dit même que toute cette chaîne est de cette nature (p. 77); mais on est loin d'avoir des données positives sur les volcans eux-mêmes. Dans le *Voyage de La Peyrouse*, on trouve indiqués neuf volcans en activité habituelle dans autant d'îles ou îlots; tels que : l'*île du Volcan Saint-François*, *Saint-Antoine*, *Saint-Denis*, l'île simplement distinguée sous le nom du *Volcan*, l'*île du Grand-Volcan*, *Volcano*, l'*Assomption* et une île sans nom.

Le volcan de l'*Assomption* est le seul bien connu. La Peyrouse dit que cette île a trois milles de circonférence, 1200 pieds d'élévation, et que l'imagination la plus vive ne pourrait se représenter rien de plus effrayant que son aspect. Le volcan, lorsqu'il le vit, était un cône parfait qui, jusqu'à 200 pieds au-dessus de la mer, paraissait tout-à-fait noir. L'odeur sulfureuse qu'il répandait jusqu'à la distance d'un demi-mille en mer ne permettait pas de douter de son activité, et la coulée de lave que l'on voyait sur les flancs paraissait n'être sortie que depuis peu de temps. (La Peyrouse, *Voyages*, II, p. 346.)

Ile des Amis.

Elles sont toutes très basses, ayant seulement quelques centaines de pieds d'élévation, probablement moins de mille. Ordinaire cite trois volcans dans cette archipel. Suivant M. Leopold de Buch, il n'y a qu'un seul volcan en activité, *Tofua* ou *Tafoua*; il s'élève jusqu'à 3ooo pieds. Les *Casuarina* croissent jusque sur son sommet. Il paraît être en éruption continuelle, car, toutes les fois qu'on l'a observé, il était constamment agité, et lorsque Bligh visita l'île, une coulée de lave, s'étendant du pied de la montagne jusqu'à la mer, avait dévasté d'une manière effrayante une grande étendue de terrain. (*Voyages*, 1792, p. 167.) Le capitaine Edwards a trouvé aussi le volcan en pleine éruption ; la ponce qui couvre les rivages de *Tongatebu* et d'*Anamoka* prouve qu'il est de nature trachytique. Le même capitaine a remarqué, en 1791, à l'extrémité nord de ce groupe, et sur l'île la plus septentrionale, *Gardner's Island*, des traces d'une éruption très récente ; de la fumée s'élevait encore tout autour. Cette île avait déjà été aperçue en 1781, par Maurelle, qui lui avait donné le nom d'*Amargura*. (Krusenstern, *Hydrogr.*, p. 159.)

Iles de la Société.

Elles paraissent être basaltiques et contenir des volcans éteints. M. Léopold de Buch dit qu'elles présentent des éruptions partielles, sans aucun autre détail. (*Mém. sur la nature des Phénomènes volcaniques*, etc.)

Sporades Australes.

Malte-Brun a donné ce nom à une chaîne d'îles situées au S.-O. et au S.-E. de l'*Archipel de la Société*. Ce géographe dit que l'*île de Pâques*, qui est la dernière de ce groupe, est aride et volcanique. (*Précis de la Géogr. universelle*, 4, p. 410.)

Iles Marquises.

Ces îles sont basaltiques, mais ne contiennent pas de volcans en activité.

Iles Sandwich.

Tout le groupe des *Sandwich* est volcanique. L'île d'*Owhyée*, ou d'*Owaïhi*, ou d'*Hawaï*, est la plus grande et la plus élevée de toutes les îles de la mer du Sud, d'après Gauss (*Zimmermcon Australien*, 1, 347). Elle contient 216 1/10e milles géographiques de surface, et est par conséquent cinq fois plus grande que *Ténériffe*. C'est un massif fendillé de laves, renfermant des cratères nombreux, d'une très-grande dimension, et presque tous éteints. Tous les anciens volcans sont très élevés au-dessus de la mer. Le *Mowna-Roa*, une des plus hautes montagnes de l'île, a 12,693 pieds, d'après M. Horner. Cette élévation est bien plus considérable que celle du *Pic de Ténériffe*, et on trouverait difficilement, sur toute la surface des mers, une île qui présentât une montagne aussi élevée. *Mowna-Koah*, autre volcan éteint, a, selon Kotzebuë, 13,800 pieds. On ne compte plus que trois volcans actifs, savoir :

Le *Kuararai*, dont le cratère à 400 pieds de profondeur, et un mille de circonférence.

Le *Kiranea*, dont le cratère fume toujours et forme maintenant un immense bas-fonds, dans un pays élevé, au pied du *Mowna-Roa*. L'on y descend par deux terrasses formées par des affaissements de la montagne. Il y a 60 petits cratères dans le fond : des laves, des scories, forment son entourage ; il y a des bancs de soufre et des précipices. Le chevalier Steward , qui l'a visité, descendit dans le véritable fond du cratère , qui a dix-sept cents pieds de profondeur. Les laves y sont encore chaudes. Il a inondé le pays avec ses laves.

Enfin un grand volcan (*Mowna-Wororay ?*), qui est à 40 milles dans l'intérieur de l'île , dont le cratère a mille pieds de profondeur, et est élevé de huit à dix mille pieds au-dessus de la mer. Il exhale de l'acide sulfureux et de l'acide hydrochlorique. Il a eu une petite éruption le 22 décembre 1824. Il s'y trouve du verre volcanique capillaire , que le vent emporte à vingt milles, et des vapeurs sortant des fentes des laves , depuis le cratère jusqu'à 15 ou 20 milles de distance. Il y a beaucoup de soufre dans le cratère.

Suivant Chamisso , presque toutes les autres îles du groupe contiennent des cratères et de grandes coulées de lave , ce qui est confirmé par les dessins de Vancouver. Il paraît que les plus petites îles sont basaltiques.

(Kotzeb., *Reise*, III, 142. — Vancouver, *Voy.*, III. — *American Journ. of Scienc.*, vol. XI, n° 1, p. 1, juin 1826. — Extrait de l'ouvrage intitulé : *Journal d'un Voyage autour d'Hawaï*, par Ellis. — *Americ. Journ. of Scienc.*, vol. XI, n° 2, p. 362, octobre 1826. — *Hertha*, 2e année , vol. VI, 2e cah., 2e partie, p. 116. — *Bulletin des Scienc. natur. et de Géologie*, juin et septemb. 1826, n°s 140 et 29).

Iles du Marquis de Traversé.

Ces îles , récemment découvertes par les navigateurs russes, entre la *Nouvelle-Géorgie* et la terre de *Sandwich*, renferment un volcan actif. (Simonoff, *In Zach's Corresp. astr.*, v. 37).

RÉSUMÉ GÉNÉRAL,

Nombre des Volcans actifs et des Solfatares, dans les cinq parties du monde.

PARTIES DU MONDE.	SUR LES CONTINENTS.	DANS LES ISLES.	TOTAL.
EUROPE........	4	20	24
AFRIQUE........	2	9	11
ASIE..........	17	29	46
AMÉRIQUE.......	86	28	114
OCÉANIQUE......	»	108	108
TOTAUX....	109	194	303

Il y a donc, sauf quelques erreurs inévitables dans un tel recensement, 303 volcans actuellement brûlants à la surface du globe, ou au moins qui sont connus comme tels des naturalistes et des géographes. Il y en a sans doute encore beaucoup d'autres dont on ne soupçonne pas l'existence. Sur les 303 connus, 109 sont situés sur les continents, et 194 dans des îles. J'ai confondu, dans ce résumé général, les solfatares avec les volcans proprement dits, à cause de la difficulté de distinguer toujours nettement ces deux genres de montagnes l'un de l'autre. Peut-être ai-je mis au rang des volcans actifs des volcans éteints ; si j'ai commis quelques erreurs à cet égard, cela vient du peu de renseignements précis que donnent les voyageurs sur plusieurs d'entre eux.

On ne connaît pas le nombre des volcans éteints, et il sera assez difficile d'en faire un relevé complet. Il serait pourtant curieux de posséder une pareille statistique; ce travail démontrerait, d'une manière péremptoire, que la terre a été, à une époque reculée, embrasée de plus de feux qu'aujourd'hui, comme beaucoup de géologues l'affirment, et comme tout concourt à le prouver.

ÉLÉVATION DES PRINCIPAUX VOLCANS ACTIFS ET ÉTEINTS,

AU-DESSUS DU NIVEAU DE LA MER.

NOMS DES VOLCANS.	PAYS où ils se trouvent.	HAUTEUR métrique.		NOMS DES OBSERVATEURS.	OBSERVATIONS.
Goonung-Api...............	Ile de Banda.........	593 mèt	805 mil	Tuckey.	
Stromboli	Une des îles Lipari....	661	697	Capitaine Smith.	C'est la hauteur du Mont Schicciola, le pic le plus élevé de Strom-boli. Borck donne 850 m. au Stromboli.
Epoméa...................	Ile d'Ischia...........	765	32	Léopold de Buch.	Solfatare.
Volcano...	Une des îles Lipari....	800	"	Borck.	
Mont-Misery...............	Ile de Saint-Christophe, une des Antilles....	1131	41	Dr Chisholm.	Volcan éteint.
Vésuve...................	Italie.................	1181	"	Humboldt.	
Volcan de Barren-Island....	Océanique.............	1200 ?			

31

		mèt.	mil.		
Xorallo	Mexique	1202	878	Humboldt.	
Pic Sarytschew	Ile de Matua, une des Kurilles	1374	"	Horner.	
Gunung-Kerum	Java	1409	80	Raffles.	
La Montagne Pelée	Martinique	1434	48	Dupuget.	
Puy-de-Dôme	Auvergne	1477	"		Volcan éteint.
Morne-Garou	Ile Saint-Vincent, une des Antilles	1539	73	Dr Chisholm.	
Volcan de la Guadeloupe	Ile de la Guadeloupe	1557	"	Dupuget, Le Boucher.	Anico lui donne 1656 m. 67 mil. de hauteur.
Hecla	Islande	1557	60	Ohlsen et Vetlesen.	Povelsen lui donne 1013 m. de hauteur seulement. Cette mesure est évidemment trop faible.
Snarfials-Jokul	idem	1600	"	Povelsen.	
Pic de Langle	Une des Kurilles	1630	69	Horner.	
Agaiedan	Iles Aleutes	1678	44	Kotzebne.	
Eyafalla-Jokul	Islande	1730	691	Ohlsen, Vetlesen et Friesack.	

		mèt.	mil.		
Elbars.	Perse.	1762	"		
Eyrefa-Jokul.	Islande.	1806	429	Paulson.	C'est là plus haute des montagnes de l'Islande, ou au moins de celles qui ont été mesurées.
Cantàl.	Auvergne.	1857	"		Volcan éteint.
Mont-d'Or.	idem.	1895	"		idem.
Teschim ou Mont-Indien.	Java.	1949	"	Leschenault.	
Salaki.	idem.	2185	"		Solfatare.
Patuha ou Baduwa.	idem.	2257	"		2140^m., d'après Fleurieu. 2456 m., d'après Tofino. 2363 m. 20 mil., d'après *Il Corriere de las Antilas* (2e édition. — 1823.)
Pic des Açores.	Afrique.	2380.	420.	Ferrer.	
Gédé.	Java.	2766	"		Volcan éteint.
Colima.	Mexique	2799	787	Don Manuel Abad.	
Caxamarca.	Pérou.	2800	"	Humboldt.	Volcan éteint.

		mèt.	mil.		
Kamtschatkaja...............	Kamtschatka	3000	″	Lamanon.	
Arjuna....................	Java.................	3243	843	Raffles.	
Etna....................	Sicile...............	3321	8	Herschel , Mario , Carlo Gemellaro et Cacciatore.	Saussure lui donne 3450 mètres.
Awatscha.................	Kamtschatka.	3400	″	Darmeskiœld.	
Pic de Teyde.............	Ténériffe	3800	″	Humboldt.	3710 m. 96 mil., d'après Borda ; Piagré et Cordier.
Micuipampa...............	Pérou................	3900	″	idem.	Volcan éteint.
Les Trois-Salasses.........	Ile de Bourbon	3920	80	Berth.	
Cofre de Parote...........	Mexique.............	4071	53	Humboldt.	Volcan éteint.
Pasto....................	Grenade.............	4092	97	idem.	
Mowna-Roa...............	Iles Sandwich.........	4123	″	Horner.	Volcan éteint.
Cumbal..................	Province de Los Pastos.	4417-	81	Humboldt.	
Mowna-Koah.............	Iles Sandwich.........	4482	778	Kotzebue.	Volcan éteint.
Cerro de Buen-Tiempo.......	Iles Aleutes..........	4488	95	Humboldt.	L'Annuaire du bureau des Longitudes pour 1817 lui donne 4548 m. 72 mil.

		mèt.	mil.		
Agua	Guatimala	4551	"	Hall.	
Puracé	Grenade.	4600	"	Humboldt.	
Nevado de Toluca	Mexique.	4619	21	idem.	Volcan éteint.
Pichincha	Quito.	4700	"	idem.	Sommet de Tablahuma.
Carguairazo	idem.	4777	"	La Condamine.	Volcan éteint.
Iztacci–Huatl.	Mexique.	4791	375	Humboldt.	idem.
Sinchulagu	Quito.	5009	"	La Condamine.	
Tunguragua	idem.	5025	58	Humboldt.	
Sanguay	Quito.	5350	"	idem.	5223 m. 41 mil., d'après La Condamine.
Popocatepell.	Mexique.	5400	"	idem.	
Pic d'Orizaba.	idem.	5500	"	idem.	
Mont–Saint–Elie.	Iles Aleutes.	5512	84	Annuaire des Longi–tudes de 1817.	Malaspina lui donne 5443 m. 65 mil.
Aréquipa.	Pérou.	5600	"	Pentland.	M. Curson lui donne 7253 m.
Cotopazi.	Quito.	5753	"	Humboldt.	
Tacora ou Chipicani.	Pérou.	5760	"	Pentland.	Volcan éteint.
Antisana.	Quito.	5833	"	Humboldt.	
Chimborazo.	idem.	6530	"	idem.	Volcan éteint.

TABLE

DES

MATIÈRES.

—

FIN.

ERRATA.

Page 49, ligne 1re, au lieu de *éruption de laves*, lisez : *éruption des laves.*

103,   1re, au lieu de *hypothèse de Delomieu*, lisez : *de Dolomieu.*

154,   2, au lieu de *listes*, lisez : *liste.*

9 782013 670586